人性的优点

HOW TO STOP
WORRYING AND START LIVING

[美] 戴尔·卡内基 著

DALE CARNEGIE

巩华——译

中国出版集团
中 译 出 版 社

图书在版编目（CIP）数据

人性的优点 /（美）戴尔·卡内基著；巩华译. --
北京：中译出版社，2023.6

ISBN 978-7-5001-7403-5

Ⅰ. ①人… Ⅱ. ①戴… ②巩… Ⅲ. ①成功心理学—
通俗读物 Ⅳ. ①B848.4-49

中国国家版本馆 CIP 数据核字（2023）第 062960 号

人性的优点

著　　者：［美］戴尔·卡内基
策划编辑：刘　钰
责任编辑：刘　钰　刘　畅
营销编辑：王珩瑾　赵　铎

出版发行：中译出版社
地　　址：北京市西城区新街口外大街 28 号普天德胜大厦主楼 4 层
电　　话：（010）68002494（编辑部）
邮　　编：100088
电子邮箱：book@ctph.com.cn
网　　址：http://www.ctph.com.cn

印　　刷：北京中科印刷有限公司
经　　销：新华书店
规　　格：1230 mm×880 mm　1/32
印　　张：9.75
字　　数：210 千字
版　　次：2023 年 6 月第 1 版
印　　次：2023 年 6 月第 1 次印刷

ISBN 978–7–5001–7403–5　　　　**定价**：59.00 元

推荐序

用卡内基的“魔术方程式”帮助你停止忧虑，开创人生

郑斐

卡内基训练®（北京）董事总经理

卡内基训练®全球认证 Master Trainer

接到中译出版社为《人性的优点》（曾被译为《如何停止忧虑，开创人生》）写序的邀请时，无论是作为此经典著作的一名忠实读者，还是作为作者戴尔·卡内基（也曾被译为戴尔·卡耐基）先生所创办的机构——卡内基训练在北京的传承者，我都倍感荣幸！此前我已经分别阅读过此经典著作和《人性的弱点》各三十多遍了，并且每年仍会重温一两遍这两本经典著作。为什么它们值得我看了又看呢？

每个人的一生或多或少都会伴随着压力和忧虑、成长和成熟。小孩子第一次离开父母去上幼儿园会有压力；上学后交不到好朋友会有压力；师生关系紧张，成绩不理想等也会令人忧虑。进入职场后，同仁间沟通合作不顺心会有压力；面对挑战或机会缺乏信心也会有压力；面对朝夕相处的家人，如果人际关系经营不好、自己或家人的身体状况不好等，同样会令人很有压力甚至焦虑。

自 2009 年 11 月我成为卡内基训练的学员，以及 2010 年 1

月 18 日我加入卡内基训练北京团队以来，每当我在工作和生活中感到有压力的时候，都会重温此著作，尤其是著作中的一些实用的克服压力和忧虑的原则和案例，会让我的情绪很快转负为正，让压力烟消云散。

2010 年 1 月 7 日，我辞去了从广东到北京后的第一份工作，入职刚好 3 个月。在试用期的最后一天，我选择了主动离开，虽然能预见很快会有晋升的机会，但我知道它并不是我真正喜欢和擅长的工作。1 月 10 日（周一），当时我还没有接到心仪的卡内基训练®（北京）的入职通知书，本应一如往常去上班的日子，由于突然不上班，我一下子非常不适应，内心充满了不确定性，当天就独自去了一趟鸟巢。我还清晰地记得那天的天气是雨夹小雪，我在鸟巢的大广场上溜达了一圈以后，坐在一张长凳子上发呆。当时广场上放着奥运会主题歌，我一边听一边掉眼泪。在那一刻，到北京才 3 个月的我，一点儿都感受不到自己被这座城市欢迎，甚至有些后悔来到北京，因为之前在广东发展得好好的，在中国建设银行拥有体面又稳定的工作，到北京却要从零开始，整个人的情绪状态跌到谷底。在一番胡思乱想后，我的脑海中冒出了此经典著作中的一句经典名言，“智者视每日为新生”，这句话以及著作中所列举的对应案例子一下子把我拉到了充满希望和信心的状态中，我决定将当下的选择和挑战当作自身“新生”的契机。很幸运并感恩的是，时隔 8 天后我就到卡内基训练®（北京）报到上班了。13 年以来，对这份事业的热爱和使命感仍有增无减。

能够从事自己热爱的事业是人生最大的幸福之一，但即使是热爱的工作，仍然会遇到一个个挑战。2021年3月至8月，这半年时间，我的事业经历了比较大的挑战，一方面是经营上有一些冲击，同时，两位共事13年以上的资深工作伙伴在半年内先后离开了团队，这在短期内对于团队发展是一个不小的打击。那个阶段，我和合伙人柴国炳老师保持着更为紧密的沟通以更好地应对核心人员变动所带来的压力，我们都运用了著作中所提到的克服压力和忧虑的魔术方程式（也称为“开利方程式”）。

第一步，问我们自己：可能发生的最坏状况是什么？

第二步，准备接受最坏的状况。

第三步，设法改善最坏的状况。

当沟通进行到以上方程式第一步的时候，我们发现可能发生的最坏状况也是我们能接受的，我们就可以及时停止对此状况的担忧了，后续将更多的注意力集中在如何改善状况。很幸运并感恩的是，在同仁们的齐心协力下，我们2021年的经营状况好于2019年。2022年1月，团队也迎来了一位核心人员的回归，继续优势互补、成就彼此。

如果当下的你在工作或生活中感受到或大或小的压力和忧虑，请你静下心来认真阅读此著作，尝试选择其中一个最适合你的克服压力和忧虑的技巧，并采取正向行动，它定会让你豁然开朗，收获更加自信、愉悦和满意的人生！

前言

寻找人生的行动指南

1909 年，我是纽约市最忧伤的年轻人。我以销售卡车为业，可我却不知道是什么让一辆卡车跑起来的，我也不想知道。让我不开心的还远不止这个。我除了看不起自己的工作，也看不起我在西 56 街租的那个带家具的便宜房间，里面到处都是蟑螂。我还记得我在墙上挂了几条领带。一天早晨，我伸手去拿一条新领带时，一群蟑螂随之散开了。我也受不了自己只能在便宜、满是蟑螂的小餐厅内用餐。

我每天晚上孤零零地回到自己的房间，头疼得快炸了，这完全是由失望、忧虑、苦闷和不平引起的。我最感不平的是我大学时代的梦想已经变成了噩梦。这就是生活吗？这就是我曾经热切期待的大冒险吗？难道这就是生活对我的全部意义吗——干我看不起的工作，与蟑螂为伍，吃着糟透了的食物，对未来不抱任何希望？我渴望有闲暇读书，并写出我在大学时代就梦想要写的书。

我意识到，如果放弃我不喜欢的工作，我有可能收获更多。

我并不想赚很多钱，我只想好好享受人生。可以说，我走到了大多数年轻人在人生开始阶段都要面临的决定性关头。于是我做了一个彻底改变我一生的决定，它使我后来的人生有了超出想象的快乐和价值。

我的决定是这样的：放弃让我讨厌的工作。另外，我已经在密苏里州沃伦斯堡的州立师范学院学习了四年。由于本来就准备当一名老师，于是我打算在成人夜校教书赚生活费，这样我白天可以阅读、准备演讲、写小说及短篇故事。我决定“为生活而写作，为写作而生活”。

我晚上可以教成人什么呢？当我回想和评估之前在大学受过的培训时，我发现自己在公众演讲方面的训练和经验对商业和生活都很有实用价值，比我学过的其他所有东西都更有价值。为什么呢？因为这种训练和经验让我不再胆怯和缺乏自信，它给了我与人打交道的勇气和信心。一个有领导力的人，往往是能向群众表达想法的人。

我向哥伦比亚大学和纽约大学申请，讲授夜校的选修课公众演讲，但这两所大学觉得他们没有我帮忙也有办法坚持下去。

我当时很失望，但现在我要感谢上帝，因为他们拒绝了我，才让我有机会在基督教青年会夜校任教。在这里，我必须尽快展示自己的成果。这是一个多么大的挑战啊！这些成年人来上我的课并不是为了拿学分或增加社会声誉，他们只为一个原因而来：解决自己的问题。他们希望能鼓起勇气站起来，在商务会谈中自如交流，不必因为恐惧而晕倒。推销员希望自己能够在拜访一个难缠的客户之前不必绕着街区转三圈来鼓足勇气。他们想培养自己的风度和自信心，他们想在业务上取得进展，他们想赚更多钱养家。他们分期付款交学费，如果他们觉得学了没用，他们就会停止交费。我得到的也不是工资，而是学费利润的一个百分比，所以，如果我想赚钱谋生，我就必须走实用路线。我当时觉得我的教学非常受限，但我现在意识到自己从中得到的锤炼弥足珍贵。我必须激励我的学生，我必须帮助他们解决问题，我必须让每一节课都激动人心，让他们愿意下次再来。

我喜欢这项令人兴奋的工作。让我惊奇的是，这些职场中人那么快就建立了自信，许多人很快就获得了升职加薪。这些培训课的成功远远超出了我最乐观的预期。我还没上完 3 期课程，基督教青年会就开始按利润百分比每晚付给我 30 美元，之前他们还拒绝每晚发我 5 美元工资呢。起初，我只教公众演讲，但随着时间的推移，我看到这些成年人也需要更大能力去赢得朋友和影响他人。因为找不到一本人际关系方面的教材，我就自己写了一本。这本教材不是以通常的方式写的，而是总结了参加过这些课的成年人的经验，我把"人性的弱点"作为书名。这本书是我为我的成人培训课写的教材，我还写过另外 4 本无人问津的书，所以我做梦也想不到它会有很大的销量。所以，我可能是仍健在的最出乎自己意料的作者之一。

随着时间的推移，我意识到成年人的另一个重要问题是忧虑。我的学生大多来自商界，包括管理人员、销售人员、工程师、会计师，你能想到的所有行业和职业中都有他们的身影，而且他们中的大多数人都有忧虑的问题！前来上课的也有女士——商界女性和家庭主妇，她们也有忧虑的问题。显然，我需要的是一本有关如何正向处理压力的教材，我还得努力找一本。于是我去了位于纽约第五大道42街的大型公共图书馆。我惊奇地发现，这个图书馆在“忧虑”这个标签下只有22本书。同时让我感觉有意思的是，在“虫类”标签下竟然有189本书。关于虫类的书的数量几乎是关于忧虑的书的数量的九倍！这是不是很令人吃惊？既然忧虑是人类面临的重大问题之一，那么每所高中和大学难道不应该开一门有关“如何停止忧虑”的课程吗？

可是，我却从没听说过任何一所大学有哪怕一门关于这个主题的课程。难怪大卫·西伯里在他的书《与焦虑共处》里说：“我们进入成年时几乎完全没准备好面对将要承受的压力，就像一个书呆子突然被叫上台跳芭蕾舞一样。”

结果呢？我们的医院里一半以上的病床都被有神经病和情绪问题的人占满了。

我翻阅了趴在纽约公共图书馆书架上的那22本关于忧虑的书，我还买了我能找到的所有关于忧虑的书，可我却没有发现一本能在我的成人培训课上使用的教材，所以我下定决心自己写一本。

我7年前就开始为写作这本书做了准备。我是怎么准备的？我读了历代哲学家关于忧虑的论述，还读了几百本传记，从孔子到丘吉尔。我还采访了各行各业的几十位知名人士，如杰克·丹普西、奥马尔·布雷德利将军、马克·克拉克将军、亨利·福特、埃莉诺·罗斯福和多萝西·迪克斯。这只是个开始。我还做了一件比采访和阅读重要得多的事情——我在一个克服忧虑的实验室工作了5年，这个实验室就是我们的成人培训课堂。

据我所知，这个课堂是世界上第一个，也是唯一一个教会你如何正向处理压力类型的实验室。我是这样做的：提供给学生一套如何停止担忧的建议，并要求他们在自己的生活中应用这些建议，然后在课堂里讲他们获得的结果。其他人也要讲他们过去使用过的这类方法。

这 5 年的工作经历让我相信，我比任何人都更多地听过关于“如何正向处理压力”的演讲。此外，我还读了邮寄给我的几百篇有关“如何正向处理压力”的演讲稿，其中一些演讲稿是在我们举办的课程中获奖的，我们的开课地点遍布美国和加拿大的 170 多个城市。所以，这本书并不是从象牙塔里出来的，也不是关于“如何正向处理压力”的学院派的说教。相反，我努力尝试写出一批情节紧凑、简洁、有原始记录的报告，以说明成千上万的成年人如何正向处理压力。有一件事是肯定的：这本书很实用，可以帮你下定决心，让你亲身实践。

我可以兴奋地说，你在这本书里找不到那种想象出来的“路人甲”或闪烁其词的“玛丽和约翰”的故事，这种人物没人认得出来。除了少数特殊情况，这本书都给出了人名和街道地址，所以它是真实的，有原始记录的，有担保的，有证明的。

法国哲学家瓦莱里说：“科学，就是成功做法的汇总。”这本书收集了一系列成功的、经得起时间检验的方法，帮助我们在生活中摆脱忧虑。在这里我想提醒你：你不会在书里发现任何新的东西，但你会发现许多没有普遍应用的技巧。我的意思是，我们不需要再去探求更多新的东西，如何拥有完美的生活，我们已知的东西其实已经足够。我们都熟知做人的道理，我们的问题不是无知，而是不作为。这本书旨在重述、说明、简化、调适和传扬许多古老而基本的真理，督促你采取行动。

你看这本书不是为了了解它是如何诞生的，你要的是行动，是要让它成为你人生的行动指南。那就让我们开始行动吧！请先读完这本书的前两章，如果你并没有觉得得到任何新的克服忧虑、享受人生的力量或启发，就扔了它吧！

有效使用本书的九大建议

1. 如果你想从这本书中获益最多，有一个基本条件，它比任何建议或技能都重要。如果你确实具备了这个基本条件，那么你就可以创造奇迹。这个神奇的基本条件是什么？它就是，你要有迫切的、动力十足的学习欲望，以及停止忧虑、开创人生的强烈决心。

如何创造出这种条件？那就是你要不断提醒自己，这些建议对你来说多么重要。想象一下，一旦掌握了这些建议，它们会怎样帮助你过上富足快乐的生活。你可以重复告诉自己："我如果长期在生活中应用本书所教的永恒真理，我就会平安、喜乐，甚至我的收入都可能因此增加。"

2. 你一开始可以快速地阅读每一章，获得一个整体的阅读视角。你可能会被吸引着匆忙阅读下一章，别急，除非你只是为了消遣而阅读。如果你为了停止忧虑并开创新的人生而阅读，那么就应该回过头去，重新认真阅读每一章。从长远来看，这意味着让你节省时间，获得成果。

3. 你在阅读中可以经常停下来思考你所读的内容，问问自己，如何以及何时开始行动，按每一个建议去做。这种阅读方式对你大有裨益。

4. 阅读时请拿着笔，当你看到一个你认为有用的建议时，在它旁边画一条线。如果它是一个四星级的建议，就在每一句话下面画线，或者用"××××"来标记它。标记和下划线将使一本书读起来更有趣，而且更便于快速回顾。

5. 我认识一个人，他在一家大型保险机构担任办公室主任已经15年了，他每个月都会阅读公司签发的所有保险合同。是的，他月复一月、年复一年地阅读同样的合同。为什么？因为经验告诉他，只有这样，他才能把合同的规定清楚地记在心里。

我曾经花了将近两年的时间撰写关于公众演讲的书，我发现，我必须不时地回过头去看，以便记住我在书中所写的内容。人类遗忘的速度是惊人的。

所以，如果你想从这本书中获得真正持久的好处，不要以为略读一遍就够了。在认真阅读之后，你还应该每个月抽几个小时温习它。你可以把它放在你面前的桌子上，经常扫它一眼，不断加深印象——这样你很快又会有充分的改进机会。请记住，没有其他办法，只有通过持续积极的反思和应用，你才能养成熟练自然地使用这些建议的习惯。

6. 萧伯纳曾经说过："如果你只顾单向传授，他永远都学不会。"萧伯纳是对的。学习是一个积极主动的过程，我们都是在做中学。所以，如果你希望掌握在本书中学习的建议，就做一些跟它们有关的事，一有机会就去应用这些建议。如果你不这样做，你会很快忘了它们，只有用过的知识才不容易忘记。

当然，你会发现一直应用这些建议是很困难的。我知道，因为我虽然写了这本书，但我仍很难把自己在书中倡导的建议都应用起来。所以，当你阅读这本书时，请记住，你不仅仅是在尝试获得信息，你还在尝试养成新的习惯，开启新的生活方式。这将需要时间和坚持，以及每天的应用。

所以你要经常参考这本书，把它看作一本正向处理压力的操作手册，当你遇到一些棘手的问题时，不要急躁，不要冲动，那通常都不是正确的方式。

你可以翻开这本书，回看你画过的重点段落，然后尝试使用这些方法，看看它们会为你带来怎样神奇的效果。

7. 每当你的伴侣发现你违反了本书所提倡的某条建议时，就得缴罚金，这会让你破产的！

8. 为什么不用华尔街银行家豪厄尔和本杰明·富兰克林的标准来衡量你对本书中建议的应用情况？如果你这样做，将产生两个结果。

首先，你会发现，自己开启了一段引人入胜且价值连城的学习过程。

其次，你会发现，你停止担忧和享受人生的能力将会提升。

9. 使用记事本——你应该在记事本里记录下你在应用这些建议时取得的胜利。你的记录要具体，包括姓名、日期和结果。做好这样的记录会激励你付出更多的努力。多年后的某个夜晚，无意中再回顾这些内容时，会觉得人生多么有趣啊！

内容提要

1. 培养强烈的学习欲望，以掌握正向处理压力的建议。

2. 在进入下一章之前，将现在的章节内容读两遍。

3. 在阅读过程中，经常停下来问问自己如何应用每条建议。

4. 在每个重要的想法下面画线。

5. 每个月都温习这本书。

6. 一有机会就应用这些建议。把这本书当作操作手册，让它帮助你解决日常问题。

7. 把学习当作一个有趣的游戏，每当有朋友发现你违反了这些建议，就给他一块钱。

8. 每周检查你正在取得的进展。问问自己犯了什么错误，有什么进步，得到了哪些对未来有用的教训。

9. 把这本书最后的空白处作为记事本，写下你是何时以及如何应用这些建议的。

目录

PART I

第一部分

关于忧虑的基本事实

1. 活在当下，不要为明天忧虑

1871 年春天，一个年轻人拿起一本书，读到了对他的未来产生深远影响的一句话。当时他是蒙特利尔总医院的一名医科学生，正在担忧能否通过结业考试，也担心自己毕业后何去何从，如何开一家诊所，以及怎样谋生等。

这个年轻的学生在 1871 年读到的一句话，帮助他成为当时最著名的医生，并创建了举世闻名的约翰·霍普金斯医学院。他成为牛津大学医学院的钦定讲座教授——这是大英帝国能授予医学家的最高荣誉，并且被英国国王封为爵士。当他去世时，人们用了两部总计 1 466 页的巨著来讲述他的生平。

他是威廉·奥斯勒爵士。以下是他在 1871 年春天读到的来自托马斯·卡莱尔的一句话，这句话启发他拥有了无忧无虑的生活："人生最重要的并非遥望模糊的远方，而是处理眼前的事务。"

42 年后（1913 年），在郁金香盛开的春夜，奥斯勒爵士向耶鲁大学的学生发表了讲话。他告诉耶鲁学子，大家可能觉得像他这样一位在四所大学当过教授，并写过一本畅销书的人应该天赋异禀。他郑重地说，那不是真的，他的密友都知道，他其实资质平庸。

那么，威廉·奥斯勒爵士成功的秘诀是什么呢？他认为是由于他活在所谓的“今天的隔舱”中。他这样说是什么意思呢？在去耶鲁大学演讲前的几个月，奥斯勒爵士曾乘坐一艘大型远洋邮轮横渡大西洋，船长站在驾驶台上，只要按下一个按钮，就跟变魔术一样，机器发出叮当声，船的各个部分立即相互隔开，形成单独的隔舱。“现在你们每一个人，”奥斯勒博士对耶鲁大学的学生说，“构造都比那艘大邮轮更精妙，而且要航行更长的旅途。我要告诫大家，你们应该学会控制自己，把活在今天的隔舱作为确保航行安全的最可靠的方法。在驾驶舱，至少保证巨大的隔板都在正常运转。按下一个按钮，听听生活中每一个层面的‘隔板’是否关闭，把过去（逝去的昨天）关在外面。按下另一个按钮，用金属隔板隔断未来——仍未到来的明天。然后你就安全了，你只拥有今天！切断过去，让逝去的过往埋葬它的亡者……关掉那些为愚人照亮死亡之路的昨天…… 明天的负担，加上昨天的负担，如果都要由今天来承载，再坚强的人也会胆怯。把未来和过去紧紧关闭…… 未来就是今天…… 没有明天。人获得救赎的日子就是现在。精力的浪费、精神的痛苦、紧张和忧虑都能困住一个人前行的步履……那么，请关上前后的隔板，养成‘活在今天的隔舱中’的习惯！”

奥斯勒博士是说我们不应该为明天做任何准备吗？这根本不是他的意思。他确实在演讲中继续讲道，为明天做准备的最佳方式就是集中所有的智慧和热忱，出色完成今天的工作——这就是你为未来做的最好的准备。

威廉·奥斯勒爵士鼓励耶鲁大学的学生以祈祷开始新的一天："请赐予我们今日之粮"。

请记住，这个祷告只求了今天的面包，并没有抱怨我们昨天不得不吃的变了味的面包，也没有说："哦，上帝，最近麦地一带天气非常干燥，我们可能又会遭遇旱灾——那明年秋天我怎么能吃到面包呢？假设我丢了工作——哦，上帝，那我又怎么吃得到面包呢？"

这个祷告教导我们只求今天的面包，只有今天的面包是你能吃到的面包。

多年前，一个身无分文的哲学家在一个四处岩石、芳草难寻的国家里游荡，那里的人们生活异常困窘。有一天，有一群人在山上围着他，他发表了一段有史以来有可能被引用最多的演讲，这次演讲包含一段响彻心灵的话："不要为明天思考，因为明天自有明天的思考，一天的难处一天当就够了。"

许多人都拒绝接受耶稣的这句真言——不要为明天思考。他们认为这是理想化的建议，是一种带有神秘主义色彩的说法。他们说："我必须为明天思考，我必须买保险来保护我的家人，我必须为我的晚年存点儿钱，我必须为将来做计划和准备。"

没错！你当然要这样做。实际上，这些话译自三百多年前，今天的意思和当时的意思已不同。三百多年前，"思考"这个词经常意味着忧虑。现代版本的《圣经》更准确地阐释了耶稣的话："不要为明天忧虑。"

我们可以通过各种方式为明天考虑，仔细考虑、计划和准备，但是不要忧虑。

在战争期间，军队领导人会为第二天做计划，但他们没有时间忧虑。美国海军上将欧内斯特·金说："我已经为最优秀的人提供了最好的装备，并向他们下达了最英明的指令——这就是我所能做的一切。"

"如果一艘船已经被击沉了，"金上将继续说，"我无法将它捞起；如果它注定被击沉，我也无法阻止。我可以更好地利用我的时间来解决明天的问题，而不是为昨天懊恼。此外，如果我让那些烦心事影响到我，我就坚持不了太久。"

无论战争年代还是和平时期，好思维和坏思维之间的主要区别都是，好思维处理因果关系，引导我们做有逻辑性和建设性的计划；坏思维经常引发紧张，甚至导致精神崩溃。

我最近有幸采访了世界上最著名的《纽约时报》的发行人阿瑟·海斯·苏兹伯格。苏兹伯格先生告诉我，当第二次世界大战的战火燃遍欧洲时，他十分震惊，对未来非常担忧，以至于无法入睡。他经常半夜从床上爬起来，取出油画布和颜料管，看着镜子，试着画一幅自画像。他对绘画一窍不通，但他还是画了起来，只为消除忧虑。苏兹伯格先生告诉我，在他把教会赞美诗中的一句话作为自己的座右铭之前，他一直无法驱逐忧虑，获得平静。这句话就是，"但求眼前清明"。

恳请慈光引领我前行，
照亮我的步履；

不求看清远方，

但求眼前清明。

大约在同一时间，一个在欧洲服役的年轻人也吸取了同样的教训。他的名字叫泰德·本格米诺，住在马里兰州巴尔的摩市纽霍姆路 5716 号，他因为忧虑而得了严重的战斗疲劳症。

泰德·本格米诺写道："1945 年 4 月，我一直很忧虑，患上了医生所说的'横结肠痉挛'，疼得要死。好在战争结束了，否则我的身体肯定会完全崩溃。

"我已经筋疲力尽了。当时我在第 94 步兵师做坟墓登记员，我的工作就是搜集和维护所有阵亡、失踪和住院人员的记录。我还要帮忙挖掘盟军和敌军士兵的尸体——这些士兵在战场上阵亡后，大都被草草掩埋。我需要收集他们的遗物，并确保它们被送到亡故士兵们的父母或至亲手里。我一直担心自己会犯下严重的失误，我担心自己能否熬过去，我担心自己能否活着回家，抱抱我唯一的孩子——16 个月大的儿子，我还从来没见过他。我非常忧虑和疲惫，瘦了 34 磅（1 磅 ≈ 0.45 千克）。我简直要疯了，几乎失去了理智。我看着自己皮包骨的双手，一想到回家时我的身体虚弱得像个废人，我就感到非常恐惧。我崩溃了，像个孩子一样抽泣。我对自己的状态感到非常震惊，每当独自一人时，就会止不住流泪。在战役开始后不久，有一段时间我经常哭泣，甚至放弃了正常生活的希望。

"我之后在一所陆军诊所工作。一位陆军医生给了我一些建议，这完全改变了我的生活。在给我做了彻底的体检后，他告诉我，我的问题是精神上的。他说，‘泰德，我希望你把你的生活想象成一个沙漏，在沙漏顶部有成千上万粒沙子；它们只能一粒粒缓慢而均匀地通过中间的窄道。不管你如何努力，都不能让多一粒沙子通过这个窄道，除非打破沙漏。你、我和其他人都像这个沙漏。当我们早上开始工作时，有成百上千个任务是我们认为当天必须完成的，但我们只能把它们一件一件地做起来，让这些事慢慢地、均匀地通过这一天，就像沙粒通过沙漏的窄道一样，否则我们一定会给自己的身体或精神造成损伤’。

“从此以后，我一直在实践这个理念——‘一次一粒沙，一次一个任务’。这个建议在战争期间拯救了我的身体和精神，它也帮助我，发展了现在的事业。目前，我是巴尔的摩商业信贷公司的一名库存控制员，我在工作中也遇到了与战争期间相同的问题——有几十项任务必须马上完成，但时间总是不够用。我们的库存量很低，有新的表格需要处理，新的库存需要安排，地址要变更，还有分支机构需要开设或关闭，等等。这时候，我没有为此变得紧张，而是想起了那位医生告诉我的‘一次一粒沙，一次一件事’。我一遍又一遍在心里默念这些话，更高效地完成了我的任务，再也没有那种在战场上几乎溃不成军的感受了。”

今天，有一个令人震惊的现象：医院一半的床位都是给神经病患者和精神病患者的，这些人被昨天累积的忧虑以及对明天的恐惧压垮了。然而，他们中的绝大多数人应该走在大街上，过着幸福的、有意义的生活——如果他们听过耶稣的真言“不要为明天忧虑”，或是威廉·奥斯勒爵士的名言“活在今天的隔舱中”。

此时此刻，我们正站在两种永恒的交汇点上：无尽的过去永远存在，而未来则正在奔向时间尽头。我们不可能生活在其中一种永恒中，一秒钟都不可能。如果你刻意尝试，就会毁掉自己的身心健康。因此，让我们满足地活在我们唯一可能生活的当下吧：从此刻到今晚睡觉前。罗伯特·路易斯·史蒂文森写道："无论多么艰难，任何人都可以挑起他的重担，直到夜幕降临。任何人都可以完成他的工作，无论多么困难，都可以做一天。任何人都可以甜蜜地、耐心地、充满爱心地、纯粹地生活，直到太阳落山。这就是生命的真谛。"

是的，这就是生活对我们的全部要求。密歇根州萨吉诺的希尔兹夫人在学会'活在当下'之前，曾经被逼到了绝望甚至自杀的边缘。"1937 年，我的丈夫去世了，"希尔兹夫人给我讲述她的故事时说，"我当时非常抑郁，几乎身无分文。我写信给我之前的老板——堪萨斯城罗奇·福勒公司的莱昂·罗奇先生，并做回了我的老本行——向学校推销图书。两年前我丈夫生病时，我卖掉了我们的车，后来又设法凑足了钱，付了一辆二手车的首付款，又开始开着车去卖书了。

"我曾以为重新开始工作有助于缓解我的抑郁，但独自开车、独自吃饭，这让我几乎无法承受。有些地方的图书销量不高，而且车贷虽然不多，但我赚的钱用来还款仍有点儿困难。1938 年春天，我去密苏里州的凡尔赛市工作。那里的学校很穷，路况很差，我孤独又沮丧，甚至想过自杀。成功似乎遥不可及。

"我找不到生活的意义，我害怕每天早上起床后都要面对残酷的现实。我什么都害怕，怕还不起车贷，怕付不起房租，怕没有足够的钱吃饭。

“我害怕健康恶化，没有钱看医生。阻止我自杀的原因，只是我想到妹妹会为此非常悲痛，以及我没有足够的钱来付丧葬费。

“后来有一天，我读到一篇文章，它让我摆脱了沮丧的情绪，给了我继续生活的勇气。我将永远感激那篇文章中的一句鼓舞人心的话，‘智者视每日为新生’。我把这句话打出来，贴在汽车的挡风玻璃上，这样开车时随时都能看到它。我发现，一天一天生活下去并没有那么难。我学会了忘记昨天，不想明天。每天早上我都对自己说，‘今天又是新的开始’。我已经成功地克服了对孤独和贫穷的恐惧。我现在很快乐，而且相当成功。我热爱生活，充满热忱。我再也不会害怕了，不管生活给我带来什么。我知道我不必害怕未来，我知道我可以过好每一天，因为‘智者视每日为新生’。”

能掌握今天的人，
将独饮快乐之泉；
常怀平安之心，高呼：
明天，不管多么恶劣，
我已真正活过今天。

这些话听起来很现代，不是吗？然而，这是由罗马诗人贺拉斯在公元前30年写的。

我所知的人性中最悲惨的特征，就是所有人都倾向冀望未来，延迟享受现在。我们都梦想着天边有个神奇的玫瑰园，而不去享受今天窗外盛开的玫瑰花。

为什么我们会是这样的傻瓜——这样悲惨的傻瓜？

“多么奇怪啊，我们短短的生命进程！”斯蒂芬·利科克写道，“孩子说‘当我成为一个大男孩时’。大男孩说‘当我长大的时候’。然后，长大了，他说‘当我结婚时’。结婚后，他的想法变成‘当我能够退休时’。当退休以后，他回过头来看所走过的风景，那里似乎掠过一阵冷风。不知何故，他错过了一切，时间一去不复返。我们没有及早领悟到，生命就在生活中，在每一天和每时每刻的细节里。”

底特律已故的爱德华·埃文斯在领悟到“生命就在生活中，在每一天和每时每刻的细节里”之前，几乎因忧虑而自杀。爱德华·埃文斯在贫困中长大，他的第一笔钱是靠卖报纸挣来的，然后他做了杂货店的店员。后来，他建立了一个七口之家，于是他找了一份助理图书管理员的工作。虽然工资很低，但他不敢轻易辞职。8 年过去了，他才鼓起勇气开创自己的买卖。一开始，他用借来的 55 美元进行了投资，以此发展成自己的事业，并且每年能赚 2 万美元。然后，一场致命的打击来袭。

他为一个朋友担保了一大笔钱，而那个朋友破产了。紧接着，他存放所有资金的银行倒闭了。他不仅失去了所有的钱，还背上了 16 000 美元的债务。他崩溃了。他告诉我说：“我睡不着觉，也吃不下饭。我得了一种奇怪的病，是忧虑导致了这场病。有一天，当我走在街上时，我晕倒了，摔在人行道上。我再也不能走路了。我躺在床上，全身长出了疹子，连躺在床上都是痛苦的。我的身体一天比一天虚弱。最后，医生告诉我，我只能再活两个星期，我大为震惊。我写好了遗嘱，然后躺在床上等待生命的终结。这时，挣扎和忧虑都没有用了，我放弃了，放松了，然后就睡着了。我已经连续几周没有超过两个小时的睡眠了。现在，我在尘世的烦恼即将结束时，却睡得像个婴儿。没想到，让我筋疲力尽的倦意开始消失了，我的食欲恢复了，我的体重增加了。

“几周后，我能拄着拐杖走路了。6 个星期后，我可以回去工作了。我以前一年能赚 2 万美元，但现在我很高兴能找到一份每周 30 美元的工作。我找到了一份销售汽车轮胎挡板的工作。我现在已经吸取了教训，不再忧虑，不再为过去发生的事情而遗憾，也不再害怕未来。我把所有的时间、精力和热忱都倾注在销售工作上。”爱德华·埃文斯的事业已迅速崛起，几年后，他成为埃文斯产品公司总裁，这家公司已经在纽约证券交易所上市多年。如果你曾飞越格陵兰岛，你可能会降落在埃文斯机场，一个以他命名的机场。

故事的重点在这里：如果爱德华·埃文斯没有看破忧虑是愚蠢的，如果他没有学会活在当下，他就不会在工作和生活中取得这样激动人心的成就。

希腊哲学家赫拉克利特告诉他的学生：“除了变化的规律，一切都在变化。”他说：“人不能两次踏进同一条河。”河水每秒钟都在变化，踏入河流的人也一样。生活是不断变化的。唯一确定的就是今天。为什么要为了解决一个笼罩在不断变化和不确定之中、一个谁也无法预测的未来的问题，而错过今天的美好呢？

古罗马人有句名言——享受这一天，抓住每一天。是的，及时行乐，把握住“现在”，活在当下。

这是洛厄尔·托马斯的哲学思想。我最近在他的农场度过了一个周末，我注意到他把《圣经·诗篇》第118章中的这些话裱了起来，挂在广播室的墙上，以便经常看到这些话。

造物主创造了今天，
我们将欢愉地享有它。

作家约翰·罗斯金的办公桌上有一块普通的石头，上面刻着一个词：今天。虽然我没有在桌子上摆石头，但我在镜子上贴了一首诗，每天早上刮胡子的时候都能看到它。威廉·奥斯勒爵士也把这首诗放在了他的桌子上，它是印度著名戏剧家迦黎陀娑写的。

对黎明的礼赞

请看这一天！
因为它就是生命，是生命的根本。
在它短暂的过程中
隐藏着你存在的所有真理和现实：
成长的福泽
行动的荣耀
成就的光辉
因为昨天只是一个梦

明天只是一个憧憬

但过好今天就会使昨天成为幸福的梦，

使明天成为希望的憧憬。

因此，请好好珍惜这一天吧

这是对黎明的礼赞

因此，关于忧虑，你应该知道的第一件事是，如果你想把它从你的生活中消除，就要像威廉·奥斯勒爵士所做的那样——将过去与未来关在门外，只活在当下。

你可以问问自己以下这些问题，并把答案写下来。

- 我更容易担心未来，或者为了某个“天边神奇的玫瑰园”而无法活在当下吗？
- 我会为过去的事情后悔，从而给现在的生活带来烦恼吗？
- 我每天早晨起床时都会下定决心“把握今天”——在一天的24小时里获得最大的收益吗？
- 我可以“只活在当下”，从生活里收获更多吗？
- 我什么时候可以开始改变？下周？明天？还是今天？

2. 消除忧虑的魔术方程式

你想不想用一个快速、可靠的方法来消除忧虑，在你继续阅读之前，可以马上使用的技能？

那就让我告诉你威利斯·开利的方法吧，这位杰出的工程师开创了自己的空调产业，现在他在纽约州雪城成立了世界著名的开利公司。他解决忧虑问题的方法是我听说过的最佳方法之一。我们有一次在纽约的工程师俱乐部共进午餐时，我从开利先生那里学到了这个技能。

"我年轻的时候，"开利先生说，"在纽约州布法罗的布法罗锻造公司工作。有一次，我接到任务，在密苏里州水晶城的匹兹堡平板玻璃公司的一个工厂安装汽油净化装置，这个工厂是花了几百万美元建的。这个装置的用途是去除汽油中的杂质，保证其在燃烧时不会损害发动机。这种汽油净化的方法很新，以前只试过一次，而且测试条件也不同。我在工作中遇到了预想不到的困难，这个新装置的效果一般，达不到我们的预期。

"这次失败让我震惊了，就像当头一棒。我的五脏六腑开始翻腾，有段日子我担心得整晚睡不着觉。

“最后，我意识到，忧虑并不能解决问题，于是我想出了1个办法，在不忧虑的前提下处理我的问题。它的效果非常好。三十多年来，我一直都在用这个抗压技能，它很简单，任何人都能用它。它包括3个步骤。

“**第1步**，我坦然无畏地接受现实，分析了这次失败可能造成的最坏结果。没人会把我关进监狱或枪毙我——那是肯定的。没错，我可能会丢了工作，我的雇主可能会拆除机器，导致我们投资的2万美元泡汤。

“**第2步**，在弄清楚可能发生的最坏情况后，有必要的话，我要努力使自己接受它。我对自己说，这次失败对我的工作经历来说是个污点，而且有可能失去工作，即使如此，我总能找到下一份工作，尽管条件可能比现在差得多。至于我的老板，他们知道我们正在试验一种清洗汽油的新方法，如果这次失败让他们损失了2万美元，他们也能承受。他们可以把它当作研发费用，因为目前还在试验阶段。

“想清楚可能发生的最坏情况，让自己在必要时接受它之后，极其重要的改变发生了——我立即放松下来，感受到了几天来没有体验过的平静。

“**第3步**，从那个时候起，我就开始冷静地集中时间和精力，试着改善我在内心已经接受的最坏的情况。

“于是我努力试着想出一些方法和手段，减少我们面临的2万美元的损失。我做了几次测试，最后发现，如果我们再花5 000美元购买额外的设备，问题就解决了。于是我们就这么干了，最后不仅没有损失 2 万美元，反而赚了 15 000 美元。

“如果我当时一直忧虑下去，我可能永远想不出解决办法。因为忧虑最大的杀伤力，在于它摧毁我们集中思考的能力。我们忧虑时，会胡思乱想，失去做决定的能力。然而一旦强迫自己面对最坏的状况，并在心理上真正接受它，我们就能拨云见日，并集中注意力解决问题。

“我提起的这件事发生在很多年前，由于我使用这个抗压技能的效果非常好，所以我从那时起就一直在用它，之后，我的生活几乎完全没有了忧虑。”

现在，从心理学角度看，为什么威利斯·开利的神奇公式如此有价值、如此实用？因为它能把我们从巨大的灰云层里一把拽出来，不再因忧虑而茫然无措。这个方法让我们稳稳地站在大地上，让我们知道自己所处的位置。如果脚下没有坚实的土地，我们又怎么能把事情想清楚呢？

应用心理学之父威廉·詹姆斯教授于 1910 年去世，如果他今天还活着，一定会衷心认可这个面对最坏情况的人生公式。他曾告诉学生：“要接受既成事实。因为……接受现实是克服不幸的第一步。”

林语堂在其著作《生活的艺术》一书中也表达了同样的观点，这位中国学者说：“这来自接受困境，因为它能释放心灵的能力。”

就是这样！从心理学上讲，它意味着一种新的能量释放。当我们接受了最坏的情况，就没有什么可以再失去的了。这自然意味着，我们就拥有了希望与机遇！威利斯·开利写道：“在知道自己将面对的最坏情况后，我立即放松下来，感受到一种几天来没有体验过的平静。从那时起，我就能思考了。”

这是不是很有道理？可是亿万人却在愤怒焦虑中毁掉了自己的生活，因为他们拒绝接受最坏的情况，拒绝尝试改变现状，拒绝从中挽回他们能挽回的东西。他们没有试着扭转命运，却开始了一场与过往经历痛苦而激烈的搏斗，最终患上了抑郁症。

你想知道他人是如何把威利斯·开利的神奇公式用于解决自己的问题吗？下面这个例子来自纽约的一位石油经销商，他参加过我办的培训班。

“我被勒索了！”这个学生一开始就说，“我当时不敢相信这种事情是真的，就像电影里的情节一样，但我确实被勒索了！事情是这样的：我主管的石油公司有一些货车和司机。当时，石油污染防治法规开始严格施行，我们向客户交付的石油数量有了限制。我起初不知道有些司机在向老客户运输交付时缺斤短两，再把剩下的油转卖给他们自己的客户。

“我第一次察觉到这些非法交易的迹象是，某一天一个自称政府检查员的人来找我，要求我出封口费，他说有证据证明我们司机的非法勾当，还威胁说如果我不肯出钱，他就把这些证据交给地方检察官。

“我知道这没什么可担心的，至少对我个人而言。我也知道，法律规定公司要对自己雇员的行为负责。更重要的是，如果这个案子上了法庭，坏消息在报纸上披露，我的生意就毁了。要知道，这家公司是我父亲 24 年前创立的，它是我的骄傲。

“于是，我担心得病倒了！我三天三夜没吃没睡，脑子里一直在疯狂地思索。我是该出这 5 000 美元，还是告诉这个人见鬼去吧？不管选哪种处理方法，我都下不定决心，结果就不断做噩梦。

“之后那个星期天晚上，我碰巧拿起了《如何停止忧虑》这本小册子，是我在卡内基的公众演讲课上领到的。我看到了威利斯·开利的故事，里面说要‘面对最坏的情况’。我就问自己：‘如果我拒绝出封口费，然后这些人把证据交给检察官，可能发生的最坏情况是什么？’

“我对这个问题的回答是，我的生意将被毁掉——这是可能发生的最坏情况。我不可能进监狱，可能发生的情况无非是媒体公开报道，让我的生意毁掉。

“然后我对自己说：‘好吧，假如生意被毁了，我在心理上接受这个事实，那么接下来会发生什么？’

“生意毁了，我将不得不去找工作。这并不难，我对石油有很多了解，有几家公司可能会雇用我……我开始感觉好些了，三天三夜的惶恐不安开始缓解了一点儿，我的情绪平静了下来……让我吃惊的是，我能够思考了。

“现在我能清醒地面对第三步——改变最坏的情况。我思考各种解决办法时，一个全新的视角出现在我面前。如果我把情况告诉律师，他可能会找到一条我没想到过的出路。现在我感觉自己当时很傻，我之前都没想到过思考，我只是在担心！于是我立即下定决心，第二天一早就去见律师，然后我就去睡觉了，睡得像个木头人！

“第二天早上，律师让我向地方检察官如实报告。我确实这样做了。当我说完后，检察官的回答让我吃惊，他说这类敲诈勒索案已经持续了几个月，那个自称‘政府人员’的人是一个被警方通缉的诈骗犯。听到这一切，我松了一口大气！我煎熬了三天三夜，就是在纠结是不是应该把 5 000 美元交给这个职业骗子。

“这段经历给我的教训是持久的。现在，每当我面对一个紧迫的问题，并且担心时，我都会用威利斯 · 开利的方法来处理。”

下面是马萨诸塞州温切斯特的厄尔 · 哈尼的故事，他于 1948 年 11 月 17 日在斯塔特勒酒店亲口讲述了他的经历。

他说：“我曾经非常担心我的胃病。一天晚上，我的胃大出血，很可怕，我被紧急送到医院。我的体重很快从 175 磅掉到了 90 磅。我病得太重，有人甚至警告我不能抬手。三位医生，包括一位有名的胃病专家，都说我的病治不好了。我靠碱性粉剂和每小时一汤匙半奶脂维持生命，一位护士每天早晚都会把一根橡胶管插进我的胃里，把胃液抽出来。这种情况持续了几个月…… 最后，我对自己说，‘听着，哈尼，如果你除了慢慢等死就没有什么可指望的，你还不如充分利用剩下的生命。你一直想在死前环游世界，如果你还想这么做，就必须现在去做！’

“当我告诉医生我准备环游世界，并继续每天做两次胃排空时，他们都震惊了。这不可能！他们从来没听说过这样的事情。他们警告我，如果我不听劝告，必将葬身大海。‘不，我不会，’我回答，‘亲戚已经答应我，我将被埋葬在布罗肯鲍的家族墓地里，所以我打算带着我的棺材一起走。’

“我买了一口棺材，把它放在船上，然后和轮船公司约好，万一我不幸离世，就把我的尸体放在冷冻舱里，一直保存到回国。我开始了我的旅行，充满了老奥马尔（波斯诗人奥马尔·海亚姆）的精神，‘在我们化为尘土前，善用我们所拥有的生命吧！尘归尘，土归土。无酒、无歌、无歌者，也无止境！’

“当我在洛杉矶登上‘亚当斯总统号’蒸汽轮向东方启航的那一刻，我感觉好点儿了。我慢慢不再吃碱粉、做胃排空，很快就开始吃起各种各样的食物，甚至包括奇怪的当地大杂烩和能要我老命的调味料。几周之后，我甚至还抽起了长长的黑色雪茄，喝起了鸡尾酒。我已经好多年没这么享受过了。如果我当时被吓倒，早就应该进棺材了。虽然一路上我还遇到了季风和台风，可我却从所有这些冒险中得到了巨大的乐趣。

“我在船上玩游戏、唱歌、交新朋友，夜夜笙歌。当我们到达东方的贫困国度时，我意识到，和穷困潦倒相比，我的家乡简直是天堂，虽然有生意上的烦心事，但我已不再担心，那都是无意义的。我感觉很好，身心舒畅。当我回到美国时，我的体重增加了 90 磅，几乎忘了我还得过胃溃疡。我这辈子从来没感觉这么好过。我重返职场，后来再没生过病。”

厄尔·哈尼告诉我，他现在意识到，他当时无意识地使用了和威利斯·开利同样的原则来正向处理压力。

“首先，我问自己：‘可能发生的最坏情况是什么？’答案是死亡。

“第二，我准备好接受死亡。我只能这样做，因为我别无选择。当时，医生说我的病无药可治。

“第三，我试着想办法改善这种状况，在我剩下的生命里最大限度地享受生活……如果我在上船后继续担心，那么返航的时候我已躺在棺材里了，但是我放松了，我忘记所有的烦恼，这种内心的平静给我带来了新的活力，这种活力也真的救了我的命。”

如果威利斯 · 开利能挽回一份 2 万美元的合同，如果一个纽约商人能把自己从敲诈勒索中解救出来，如果厄尔 · 哈尼能用这个神奇公式挽救自己的生命，那么它也能帮你处理生活中的麻烦，甚至能帮你解决一些你认为无法解决的问题，对吗？

因此，规则 2 是，当你忧虑时，请运用威利斯 · 开利的神奇公式，做这三件事：

问问自己，“可能发生的最坏情况是什么？”

准备接受最坏的情况。

设法改善最坏的情况。

3. 忧虑会危害你的健康

不知如何对抗忧虑的人，往往英年早逝。

——亚历克西斯·卡雷尔博士

一天晚上，一位邻居按响了我家的门铃，催我和家人打天花疫苗。他只是成千上万名志愿者之一，他们在纽约市做着同样的事。恐慌的市民一次要排几个小时的长队来接种疫苗。疫苗接种站不仅开在所有医院里，消防队、警察分局和大工厂的车间里也有，2 000 多名医生和护士不分白天黑夜，忙不迭地为人们接种疫苗。这样的大恐慌是什么引起的？起因是纽约市有 8 个人得了天花，其中两个人已经死亡。在将近 800 万的人口中，有两个人死亡。

我已经在纽约生活了很多年，还没有人按过我家的门铃，警告我防范一种叫“忧虑”的情绪病症——在同一时期，这种疾病造成的伤害比天花大一万倍。

没有人按门铃警告过我，当今在美国人里，有很多人因忧虑和情绪冲突引起精神崩溃，所以，我写这一章是在按响你的门铃，来警告你。

伟大的诺贝尔医学奖获得者亚历克西斯·卡雷尔博士说过：“不知如何对抗忧虑的人，往往英年早逝。”商人如此，家庭主妇、兽医和建筑工人也是如此。

几年前，我利用假期与圣达菲铁路的医疗主管戈贝尔博士一起开车穿越得克萨斯州和新墨西哥州。他的头衔确切说是墨西哥湾、科罗拉多和圣菲达医院协会的首席医生。我们聊到了忧虑对人的影响，他说：“所有求医的病人中，有70%的人只要摆脱了恐惧和忧虑，就能自愈。我并不是说他们的病是想象出来的，他们的病就像牙疼那么真实，有时比牙疼严重100倍，如神经性消化不良、胃溃疡、心跳紊乱、失眠、头痛和中风等。

“这些病症是真实的，”戈贝尔博士说，“因为我自己就被胃溃疡折磨过12年。

“恐惧导致忧虑，忧虑使人紧张，紧张会影响胃部神经，导致胃液分泌失常，这往往会导致胃溃疡。”

《神经性胃病》一书的作者约瑟夫·蒙塔古博士也说过同样的话：“你不会因为吃的食物而得胃溃疡，你会因为那些吞没你的情绪而得胃溃疡。”

梅奥诊所的阿尔瓦雷斯博士说：“胃溃疡症状通常根据情绪的起伏发作或消退。”

这一结论是基于梅奥诊所对15 000名胃病患者的治疗研究。研究表明，80%的胃病并非生理原因导致，而恐惧、忧虑、仇恨、极度自私，以及无法调整自己去适应现实世界——这些因素都在很大程度上导致了他们的胃病，如胃溃疡……而且，胃病还有可能导致死亡。《生活》杂志报道，胃病在人类的致命疾病中排在第十位。

我最近和梅奥诊所的哈罗德·哈贝恩博士进行沟通。他在美国产业医生和外科医生协会的年会上宣读了一篇论文，论文有关他对 176 名平均年龄为 44.3 岁的企业管理人员进行的研究。报告说，这些高管中有超过 1/3 的人患有由高压生活所导致的三种疾病之一：心脏病、消化道溃疡和高血压。想想吧，我们 1/3 的企业高管在 45 岁之前就被心脏病、溃疡和高血压毁掉了身体，成功的代价未免太高了？如果有谁用胃溃疡和心脏问题来换取事业的发展，他能算是成功人士吗？如果一个人得到了整个世界，却失去了健康，这对他有什么好处？即使他拥有整个世界，他也只能一次睡一张床，一天吃三顿饭。即使是一个新员工也能做到这一点，而且可能比一个有权有势的高管睡得更香，更能享受美食。坦率地说，我宁愿做一个没有责任的无忧无虑的人，也不愿意在 45 岁时毁掉自己的健康去经营一家铁路公司或烟草公司。

说到香烟，一位著名的香烟制造商在加拿大的一片森林中散步时，因为心力衰竭而死亡。他积累了数以百万计的财富，却在 61 岁时就离开人世，再也无福消受。他用自己多年的生命换取了所谓的“事业成功”。

在我看来，这位拥有百万资产的烟草公司高管还不及我父亲一半的成功。我父亲是一个密苏里州的农民，他在 89 岁时去世，身无分文，却平静安详。

著名的梅奥诊所宣称，他们医院一半以上的床位是被患有

“神经问题”的人占据的。然而，当这些人死后，专家检查时发现，大多数人的神经非常健康。可见，他们的“神经问题”不是由神经的生理退化引起的，而是由悲观、沮丧、焦虑、担心、恐惧、挫败、绝望等情绪引起的。柏拉图说：“医生所犯的最大错误是，他们想努力治愈的是身体而非心灵。然而，心和身是一体的，不应分开治疗！”

医学界花了 2 300 年才认识到这个伟大的真理，我们现在才开始发展出“心身医学”——一种既能治疗心灵又能治疗身体的医学科学方向。今天，医学已经消灭了很多由病菌引起的可怕疾病，如天花，这些疾病让无数人默默早逝。但是，医学一直无法应对由忧虑、恐惧、仇恨、沮丧和绝望等情绪造成的心身疾病。由心身疾病造成的死亡率正在增高，并以灾难性的速度蔓延。

据医学专家估计，现在有 1/20 的美国人在精神病院中待过。在第二次世界大战中，美国应征入伍的年轻人中，有 1/6 的人因精神疾病被拒绝。

究竟是什么原因导致了精神问题？大多情况下，这是因恐惧和忧虑导致的。因焦虑而感到绝望与疲惫的人无法应对现实的严酷，他断绝了与外界的一切联系，退缩到自己臆造的私密梦境中，以此逃避忧虑。

我的桌子上有一本爱德华·波多尔斯基博士的书《停止忧虑，获得健康》，以下是该书的一些章节标题。

忧虑对心脏的影响

高血压是因忧虑引起的

风湿病可能是因忧虑引起的

为了你的胃，少担心一些吧

忧虑如何导致感冒

忧虑与甲状腺

忧心忡忡的糖尿病患者

另一本关于忧虑的书《人与自我》也给了我启发，作者是卡尔·门宁格博士。门宁格博士的书没有提供任何关于避免忧虑的建议，但它给了我们一个惊人的启示，就是焦虑、沮丧、仇恨、怨恨、反叛和恐惧是如何摧毁我们的身体和心灵的。你可以在附近的公共图书馆里找到这本书。

忧虑甚至可以让最理性的人生病。南北战争时，北方的格兰特将军已经围攻里士满 9 个月了。南方李将军的部队士兵都衣衫褴褛、饥肠辘辘，已经溃不成军，他们在的帐篷里祈祷、呼喊、哭泣，都认为末日即将来临。这时，李将军残存的手下放火烧了里士满的棉花和烟草仓库，烧毁了军火库，并在夜里趁着高高的火柱在黑暗中咆哮时逃离了这座城市。格兰特紧追不舍，从两侧和后方猛攻南军，骑兵在前方拦截，“撕毁”了铁路线，缴获了补给列车。

格兰特感到剧烈的头痛，疼痛让他视力模糊，他落在了大部队后面，在一个农舍前停下。他后来在回忆录中写道：“我一晚上都把脚泡在热水和芥末里，手腕和脖子后面贴上了芥末膏，希望到了早上能好一些。”

第二天早上，他的病立刻就好了。不过，治好他的东西不是芥末膏药，而是一个飞奔而来的骑兵带来的李将军的信，李将军在信中说他准备投降。

格兰特写道：“当（捎信的）骑兵来到我身边时，我还在忍受着病态的头痛，但当我看到纸条上的内容时，我马上就痊愈了。”

显然，忧虑、紧张的情绪使格兰特将军生了病，但当他的情绪转为自信、成功和喜悦时，他就立刻被治愈好了。

70 年后，富兰克林·罗斯福内阁的财政部长小亨利·摩根索发现，忧虑让他头晕目眩。他在日记里记载，当罗斯福总统为了提高小麦价格，在一天内购买了 440 万蒲式耳小麦时，他感到非常担心。他在日记中写道：“这件事让我感到头晕目眩。回到家，我睡了两个小时午觉。”

如果想知道忧虑对人的影响，我不需要去图书馆或医生那里找答案，我从家里的窗户往外看，就可以看到，在一个街区内，有人因忧虑而神经衰弱；还有一个人因忧虑得了糖尿病——当股市下跌时，他血液和尿液中的糖分就会上升。

当法国杰出的哲学家蒙田当选家乡波尔多市的市长时，他对同胞们说：“我愿意为市政事务倾尽全力，但不愿意因此损害健康。”

我上面提到的那位邻居却因股票市场的事务影响到了健康，差点搭上性命。

关于忧虑对健康的影响，我不需要去看邻居的房子，看看我现在写作的这个房间就可以，它能提醒我，这个房子的前主人因为忧虑把自己过早送进了坟墓。

忧虑会让你得风湿病和关节炎，坐上轮椅。关节炎权威专家罗素·塞西尔博士列出了常见的四种导致关节炎的情况。

1. 婚姻破裂
2. 财务危机
3. 孤独和忧虑
4. 积怨未消

当然，导致关节炎的原因远不止这四种，但是，常见的是塞西尔博士列出的这四种。例如，我的一个朋友在经济大萧条期间受到严重打击，家里的煤气被切断，被银行冻结了房子的抵押贷款，他的妻子又突然患上了关节炎。尽管使用了药物，调整了饮食，他太太的关节炎却一直持续到他们的经济状况改善后才有好转。

忧虑甚至会导致蛀牙。威廉·麦戈尼格博士有一次在美国牙科协会演讲时说："不愉快的情绪，比如，由忧虑、恐惧、唠叨引起的情绪……可能会破坏身体的钙质平衡，导致蛀牙。"麦戈尼格博士讲述了他的一个病人的故事，这个病人本有一副完美的牙齿，直到他为妻子得了急病而忧虑。在她住院的 3 个星期里，他发现了 9 颗蛀牙——由忧虑引发的蛀牙。

你见过甲状腺功能亢进的人吗？我见过，而且我可以告诉你，他们会浑身颤抖摇晃，看起来就像惊吓过度——那就是甲状腺功能失调引起的，这个调节身体的腺体，已经不能正常起作用了。它加快了心跳的速度，导致整个身体像“锅炉一样全速运转，所有通风口大开”。如果不通过手术或其他治疗来控制这种情况，患者可能会死亡，可能会“把自己烧干”。

不久前，我和一位患有甲亢的朋友去了费城。我们拜访了著名专家伊斯雷尔·布拉拉姆博士，他治疗这种疾病已有 38 年。他在候诊室墙上的木牌上写了一条建议，我在等候时把它抄在了信封背面。

休闲和娱乐

> 让令人放松的是信仰、睡眠、音乐和欢笑。
>
> 相信上帝，高枕无忧
>
> 热爱音乐，乐享人生
>
> 健康幸福永相伴。

他问我这位朋友的第一个问题是，“是什么情绪困扰了你，造成了这种状况？”他警告我的朋友，如果不停止忧虑，可能还会患上其他并发症，如心脏病、胃溃疡或糖尿病。“所有这些疾病，”这位著名的医生说，“都是相通的。”明摆着，它们都是忧虑导致的疾病！

当我采访电影明星梅尔·奥勃朗时，她说自己绝不忧虑，因为这会破坏她在屏幕上的重要“资本”：她的美貌。

她告诉我：“当我第一次尝试进入电影界时，我担心又害怕。我刚从印度来英国，在伦敦一个人也不认识。我想找到一份工作，我见了几个制片人，但没有一个人愿意雇用我，我仅有的一点儿钱快用完了。有两个星期，我只靠饼干充饥。我那时不仅忧虑，而且饥寒交迫。我对自己说，‘也许你是个傻瓜，也许你永远进不了电影界——毕竟你没有经验，你从来没有演过戏。除了一张相当漂亮的脸蛋，你还有什么！’

“我走到镜子前，看到忧虑对我的容貌所造成的影响——我看到刚出现的皱纹和满脸的焦虑。于是我对自己说，‘你必须马上停止忧虑！再这样下去你将崩溃！你只有美貌，不要把它毁了！’”

还有什么能像忧虑那样使一个女人迅速衰老，破坏她的容貌。忧虑会使你的表情变得凝重，让你不由地咬紧下巴，脸上出现皱纹，看上去似乎总是皱着眉头。忧虑还会引起白发、脱发，使脸部皮肤暗沉，导致皮疹和粉刺。

心脏病是当今美国的头号健康杀手。在第二次世界大战期间，大约有30万人在战斗中丧生，但在同一时期，心脏病导致200万人死亡，其中的100万人患病是由于忧虑和生活压力过大。所以亚历克西斯·卡雷尔博士说：“不知如何对抗忧虑的人，往往英年早逝。”

威廉·詹姆斯说：“上帝可能会宽恕我们的罪，但神经系统从来不肯原谅我们。”

还有一个惊人的事实：每年自杀的美国人比死于五种最常见的传染病的人还要多。

为什么？答案正是忧虑。

当残酷的军阀折磨囚犯时，会把囚犯的手脚绑起来，把他们放在一个水袋下，水袋不断滴水……滴水……滴水……日夜不停。这些不断落在头上的水滴声，最后会变得像锤子的敲击声，把犯人逼疯。西班牙的宗教法庭和纳粹集中营里都用过这种酷刑。

忧虑就像不断滴水、滴水、滴水，这一滴滴的忧虑常常会把人逼到精神错乱，甚至自杀。

当我还是密苏里州的一个乡下小伙子时，曾经听比利·森戴描述来世的地狱之火，当时我被吓得半死，但他从来没有提到忧虑让我们感受到的“地狱之火”。例如，假设你长期忧虑，未来你可能会被人类最难忍受的疼痛之一——心绞痛所折磨。

你热爱生活吗？你想健康长寿吗？我告诉你怎么做。我将再次引用亚历克西斯·卡雷尔博士的话，他说：“那些能在现代都市的喧嚣中保持内心平静的人，对神经类疾病具有免疫力。”

你能在现代都市的喧嚣中保持内心的平静吗？如果你是一个正常人，答案应该是，“能，肯定能”。大多数人的内心都比自己意识到的更强大。你拥有从未挖掘过的内在心理资源。梭罗在其不朽之作《瓦尔登湖》中说：“我知道的最令人鼓舞的事实莫过如此，人类通过有意识的努力来提升生活的能力是毋庸置疑的…… 如果一个人自信地朝他梦想的方向前进，并努力过上他所想象的生活，他就会获得平日里意想不到的成功。”

我肯定，这本书的许多读者都有像奥尔加·贾维那样的意志力和内在力量。奥尔加住在爱达荷州科达伦市。她发现，在最悲惨的情况下，她仍可以赶走忧虑。我坚信，如果运用本书中讨论的这些古老的真理，任何人都可以做到。

以下是奥尔加的故事，她在信中写道：“8 年前，我被诊断为癌症晚期，医生说我将缓慢而痛苦地死去。全国最好的医学专家梅奥兄弟也确认了这个诊断。我仿佛身处一条死胡同中，死神正瞪眼看着我！我还年轻，我不想死啊！绝望中，我打电话给凯洛格的医生，向他哭诉心里的绝望。他痛骂了我一通，‘怎么了，奥尔加，你就没有一点儿斗志吗？当然，如果你继续哭下去，你也无法改变事实。是的，最糟糕的事情已经发生在你身上了。去面对现实吧！停止担心，去做点什么吧！’就在那时，我发了一个庄严的誓，我的指甲深陷皮肉，寒气凉透了我的脊背，‘我不会再担心下去！我不会再哭下去！我一定要赢！我一定要活下去！’

“我这种癌症晚期病例，通常情况下，治疗方法是每天用 X 光照射 10 分钟，持续 30 天。他们给我做了 49 天的 X 光，每天 14 分钟。尽管我骨瘦如柴，双脚像灌了铅一样，但我并不担心，也没有再哭过一次！我笑了！是的，我强迫自己微笑。

“我没有傻到认为微笑能治愈癌症，但我确实相信，愉快的心情有助于抵抗疾病。总之，我治愈了癌症，我比生病前更健康，这要归功于那位医生对我说过的具有挑战性、充满斗志的话，‘去面对现实！停止担心，去做点儿什么吧！’”

在结束这一章时，我将重复题记中亚历克西斯·卡雷尔博士的话：“不知如何对抗忧虑的人，往往英年早逝。”

先知穆罕默德的狂热追随者经常将《古兰经》中的经文纹在

胸前。我希望每位读者都能将这一章的题记铭记在心——“不知如何对抗忧虑的人，往往英年早逝”。

卡雷尔博士是在说你吗？

可能是。

小　结

关于忧虑的基本事实

- 规则 1　活在当下，不要为明天忧虑
- 规则 2　消除忧虑的魔术方程式
- 规则 3　忧虑会危害你的健康

人性的优点

PART 2

第二部分

分析忧虑的基本技能

1. 了解事实，积极行动

我有六个忠实的仆人

他们教会了我一切

他们是，什么，为什么，何时，

以及如何，在哪里，谁。

——鲁德亚德·吉卜林

第一部分第二章中描述的威利斯·开利的神奇公式能解决所有的压力问题吗？不，当然不能。那么怎么办呢？方法是，我们必须掌握分析问题的三个基本步骤，使自己有能力应对困难。

1. 收集所有的事实资料。
2. 衡量这些事实，然后做出决定。
3. 做出决定后，立即采取行动。

这些步骤看似简单吧？是的，亚里士多德讲授并实践了它们。那些困扰我们的问题，把我们的生活变成了人间“地狱”，若要解决问题，停止忧虑，我们必须使用上述几个步骤。

先来看看第一条建议：了解实际情况。为什么这一步如此重要？这是因为只有了解了实际情况，我们才能明智地解决问题。不了解事实情况，我们只能在混乱中挣扎。这些是我的想法吗？不，这是已故的哥伦比亚大学校长赫伯特·霍克斯的观点。在担任校长的22年期间，他曾帮助20万名学生解决忧虑的烦恼。他曾告诉我：“困惑是引起忧虑的主要原因。”他认为，“世上一半的忧虑是由于人们在没有足够的认知下就试着去决策。例如，如果我有一个问题必须在下周二下午三点之前处理，在下周二到来之前，我不会尝试做出任何决定。在此期间，我会集中精力获取与问题有关的所有事实情况。我不担心，也不为问题苦恼，更不会失眠，我只是专注于了解事实。到下周二来临时，如果我了解了所有事实，问题通常就迎刃而解了！”

我问霍克斯校长，这是否意味着他已经完全摆脱了忧虑。他说：“是的，我可以诚实地说，我的生活中几乎完全没有忧虑了。我发现，只要你愿意花时间以公正、客观的方式来获知真相，忧虑就会在知识的光芒下消失。”

请允许我重复这句话。“只要你愿意花时间以公正、客观的方式来获知真相，忧虑就会在知识的光芒下消失。”

但是，我们大多数人是怎么做的？托马斯·爱迪生曾严肃地说：“为了避免思考，没有什么权宜之计是人们不愿意使用的。”如果我们为事实而烦恼，我们也会像猎狗一样只去追寻那些能够支持我们既定想法的事实，从而忽略其他事实！我们只想得到那些能够证明自己正确的事实，它们能迎合我们一厢情愿的想法，证明我们先入为主的偏见！

正如安德烈·莫鲁瓦所说：“凡是与我们个人愿望相一致的东西似乎都是真实的，凡是与之不一致的东西都会让我们感到愤怒。”

既然如此，我们很难找到解决问题的办法，这有什么奇怪的呢？如果我们根据“2 加 2 等于 5”的假设去解决一个二年级的算术问题，肯定会遇到同样的麻烦。可是，这个世界上有太多人把自己和别人的生活变成人间“地狱”，只因为他们坚持认为“2 加 2 等于 5”，甚至有可能等于 500！

我们能做什么呢？我们必须把情绪排除在思考之外，而且，正如霍克斯校长所说，我们必须以“公正、客观”的方式获知真相。

当我们忧心忡忡时，做到这一点并不容易。当我们忧虑时，我们的情绪是很强烈的。我发现，当我努力从问题中抽身而出，用清晰、客观的方式了解事实时，以下两个想法很有帮助。

1. 在努力了解实际情况时，我假装不是为自己，而是为其他人收集这些信息。这有助于我对事实保持冷静、公正的看法，也有助于我控制情绪。

2. 在努力收集那些与问题有关的事实时，我会假装自己是一名律师，准备为争端的另一方辩护。换句话说，我会努力获得所有对我不利的事实——所有对我的期望不利的事实，所有我不愿面对的事实。

然后我写下正反两方的情况，接着我会发现，真相就在这两个极端之间。

这就是我说的重点：无论是你、我、爱因斯坦还是美国最高法院，都不可能在没有事先收集了解事实的情况下对任何问题做出明智的决策。托马斯·爱迪生很清楚这一点，在他去世时，他留下 2 500 本笔记本，上面写满了与他所遇问题有关的事实。

因此，为了解决问题，第一步就是了解事实。

正如霍克斯校长所说：如果不先以公正的方式获知真相，我们就不要尝试解决问题。

然而，若不对事实加以分析和解读，那么就算获知世上所有事实也不会给我们带来任何好处。

我从代价昂贵的经历中发现，把所有事实写下来，再做分析就容易多了。实际上，仅仅在一张纸上写下事实，并清楚地说明问题，就能在很大程度上帮助我们做出明智的决策。正如查尔斯·凯特林所说："把问题说清楚，就等于解决了一半。"

下面让我给你展示一下它如何在实践中发挥作用。中国人常说"一图胜千言"，那么我给你们看看这个人是如何将此方法付诸具体行动的。

我认识盖伦·利奇菲尔德好多年了，他是远东最成功的美国商人之一。1942 年，日军侵占上海时，利奇菲尔德先生正身处中国。以下是他在我家做客时向我讲述的经历。

"珍珠港事件后不久，"盖伦·利奇菲尔德说，"日军侵占了上海。当时我担任亚洲人寿保险公司驻上海的经理。日军派来了一个'军队清算人'，其实他是个海军上将，命令我协助清算我们公司的资产。在这个问题上，我别无选择，除了合作，我只有死路一条。

“我只能遵命行事，因为别无选择。但是，有一批价值75万美元的股票，我把它从列表上删除了，因为它们属于香港公司，与上海公司的资产无关。同时，我担心如果被日本人发现，可能会大祸临头。不幸的是，他们很快就发现了。

“当时，我不在办公室，但我的首席会计师在。他告诉我，日军上将大发雷霆，又是跺脚又是骂街，还说我是小偷和叛徒！我违抗了日军！我知道这意味着什么——我将被扔进桥屋！

“桥屋！日本秘密警察的刑讯室！我的一些朋友，他们宁可自杀也不愿意被带到那所监狱。我还有些朋友，在经过10天的审讯和折磨后，惨死在那个地方。现在，我自己也上了桥屋的名单！

“我该怎么办？我是在星期天下午听到这个消息的。如果没有一个明确的办法来解决问题，我肯定会被吓坏的。多年来，每当我忧虑时，我总会走到打字机前，写下两个问题，还有这两个问题的答案。

“1. 我在担心什么？

“2. 我可以做什么？

“我曾试着不写下问题就回答，但几年前我就不这么做了，我发现把问题和回答都写下来可以帮助我厘清思路。因此，在那个星期天下午，我直接回到我在上海基督教青年会的房间，拿出打字机，打道：

“1. 我在担心什么？

“我担心明天早上会被扔进桥屋。

“然后我打出了第二个问题。

“2. 我可以做什么？

“我花了几个小时思考并写下可以采取的四种行动方案，以及每种行动可能产生的后果。

“1. 我可以尝试向日军上将解释，但他不会说英语。如果我试着通过翻译向他解释，我可能会再次激怒他。这意味着他可能会杀了我，因为他很残忍，他宁可把我扔在桥屋，也不愿意花时间跟我多费口舌。

“2. 我可以尝试逃跑。这不可能成功。日军一直在跟踪我，如果我尝试逃跑，我可能会被抓住并被枪毙。

“3. 我可以待在房间里，不再靠近办公室。如果这样做，日军上将就会怀疑，他可能会派士兵来抓我，把我扔进桥屋，不给我说一句话的机会。

“4. 我可以在星期一早上像往常一样去办公室上班。日军上将有可能很忙，无暇顾及我的所作所为。即便他真的想到了，那时他可能已经冷静下来，不会来找我的麻烦。如果是这种情况，那我就没事了。即使他真的来抓捕我，我仍然有机会向他解释。因此，周一早上我像往常一样去办公室，装作什么事都没发生过的样子，这个做法给了我两次逃生的机会。

“当我想清楚这一切并决定采取第四个计划——周一早上像往常一样去办公室时，我感到无比轻松。

“当我第二天早上踏进办公室时，日军上将正坐在那里，嘴里叼着一根烟。他像往常一样瞪着我，什么也没说。谢天谢地，六周后他回了东京，我的忧虑也随之结束。

“正如我已经说过的，我在那个星期天下午坐下来，写出我可以采取的所有步骤，然后写下每个步骤可能产生的后果，并冷静地做出决定。这个方法挽救了我的性命。如果我没有这样做，而是不知所措、犹豫不决，那我可能会因一时冲动而做错事。如果我没有想清楚我的问题就做出决定，我会因担心而抓狂，睡不着觉，周一早上我就会带着苦恼和担忧的表情去办公室——这样可能会引起日军上将的怀疑，并促使他采取行动。

“这些经验一次次向我证明做出正确决策的巨大价值。如果不能确定一个固定的目标，就会不停地在令人抓狂的圈子里打转，陷入崩溃。我发现，一旦做出了清晰明确的决定，我 50% 的烦恼就会消失，而且，一旦开始执行这个决定，另外 40% 的烦恼通常也会消失。

“因此，我通过采取这 4 个步骤排除了大约 90% 的忧虑。

“1. 准确写下我所担心的事情。

“2. 写下我可以做什么。

“3. 决定我要做什么。

“4. 立即开始执行该决定。”

盖伦·利奇菲尔德目前是斯塔尔、帕克和弗里曼公司的远东区主任，负责大型保险和金融权益，这使他成为亚洲最重要的美国企业家之一。他诚恳地告诉我，他的成功很大程度上归功于这种分析忧虑并迎难而上的方法。

为什么他的方法如此出色？因为这套方法是有效具体的，并且直击问题的核心。最重要的是，它突出了第三条：决定做什么。除非我们采取行动，否则我们所有对事实的调查和分析都是在风里吹口哨，用大炮打蚊子，浪费精力。

威廉·詹姆斯曾说：“一旦做出决定，当天就要付诸实施，不要担忧是否可行，也不要关心结果。”在这种情况下，威廉·詹姆斯无疑把“关心”当作“焦虑”的同义词。他的意思是，一旦你根据事实做出了谨慎的决定，就要付诸行动，不要停下来重新考虑，也不要犹豫、担心和回溯你的行动。不要在自我怀疑中迷失自己，因为自我怀疑会导致其他怀疑。不要总是回头张望。

我曾问过俄克拉何马州著名的石油商韦特·菲利普斯是如何按决策执行的。他回答说：“我发现，经过了某个点还在不断思考这个问题，必然会造成混乱和忧虑。到一定阶段，更多的调查和思考就是有害的。因此，我们必须做出决策并采取行动，一旦行动绝不回头。”

你是否现在就想采用盖伦·利奇菲尔德的技巧来解决你的忧虑呢？

你可以把答案写下来。

问题1：我在担心什么？

____

问题2：我可以做什么？

____

问题3：这是我要做的事。

____

问题4：我什么时候开始做？

____

2. 如何消除工作中 50% 的忧虑

如果你是个职场中人，你可能正在对自己说："这一章的标题太可笑了。我已经工作了 19 年，如果有谁知道解决办法的话，当然应该是我。竟然有人试着告诉我如何能消除我 50% 的工作烦恼——这太荒唐了！"

你说得在理，如果我在几年前看到这一章的标题，我也会有同感：它承诺了很多，而承诺是廉价的。

让我们坦率地说吧，也许我无法帮助你消除 50% 的工作烦恼，但事实上，没人帮得了你，除了你自己。我能做的是向你展示其他人是如何做到的，剩下就看你的了！

你可能还记得，之前我引用了亚历克西斯·卡雷尔博士的话："不知如何对抗忧虑的人，往往英年早逝。"

既然忧虑的后果如此严重，如果我能帮助你消除 10% 的忧虑，你也会感到满意吧？我将向你介绍一位企业高管，他不只消除了自己 50% 的工作烦恼，还节省了 75% 的开会时间，这些时间都是用来解决生意难题的。

此外，我不打算告诉你无法查证的故事。我将讲述美国著名的出版社西蒙与舒斯特公司的合伙人和总经理里昂·希姆金的经历。

里昂·希姆金说："15年来，我几乎每个工作日都有一半时间在开会讨论问题——我们应该做这个还是做那个，还是什么都不做？会议上所有人都很紧张，大家在椅子上扭来扭去，走来走去，争论不休，还会在原地兜圈子。到了晚上，我会感到筋疲力尽。我认为我的余生也将如此。我已经做了15年了，从没想过用更好的方法来工作。如果有人告诉我，可以把会议上的时间节省3/4，把我的精神压力减少3/4，我会认为他在痴人说梦。然而，我自己想出了一个办法，而且真的做到了。我采用这个办法已经8年了，它创造了奇迹，为我带来了高效、健康和幸福的生活。

"这听起来像魔术，但就像魔术一样，当你知道它是怎么运作的时候，你会发现它其实非常简单。

"我的秘诀是这样的。首先，我立即停止已经用了15年的旧会议流程。旧流程开始时，我的同事会汇报所有出错的工作细节，然后问，'我们该怎么做？'第二，我制定了一条新规定，每个向我呈交难题的人必须事先准备并提交一份备忘录，回答下面这4个问题。

"问题1，究竟有什么问题？

（"在过去，我们常常花一两个小时开一个无效的会，结果还是没人能详细、具体地搞清楚真正的问题是什么。我们曾经把自己搞得焦头烂额，讨论我们的麻烦，却从来没有写出我们的难题究竟是什么。）

“问题 2，造成问题的原因是什么？

（“回顾我的职业生涯时，我感到震惊——我在无效的会议上浪费了太多时间，却从来没有搞清过问题的根源。）

“问题 3，可能的解决办法有哪些？

（“过去，每当会上有人提出一个解决办法，其他人就会与他争论，导致气氛变坏。我们经常会脱离主题，而在会议结束时，也没有人记录解决这个难题的办法。）

“问题 4，你建议采取什么解决办法？

（“我曾经和某人一起参加一个会议，他花了几个小时为一个问题忧虑，绕了一圈又一圈，却从未想出并写下可能的解决办法。）

“现在我的同事们很少带着他们的问题来找我，因为他们已经发现，为了回答这 4 个问题，他们必须了解所有事实，把问题想清楚。这样做之后，他们发现，在 3/4 的情况下，他们根本不需要问我，因为适当的解决办法已经出来了，就像一块面包从电烤炉中跳出来一样。即使那些有必要开会解决的事情，讨论也只花了以前 1/3 的时间，因为它是条理清晰的、符合逻辑的，可以得出合理的结论。

“现在，在西蒙与舒斯特公司里，我忧虑和开会的时间少了，我将更多时间用于采取行动，解决问题。”

我的朋友弗兰克·贝特格是美国顶尖的保险从业者，他告诉我，通过类似的方法，他不仅减少了业绩之忧，还使收入翻倍。

“多年前，”弗兰克·贝特格说，“当我刚开始销售人事保险时，我对工作充满热忱。之后发生的一些事情却让我非常灰心，我不仅鄙视我的工作，还想放弃。若不是在某个星期六的早晨，我坐下来试着找出忧虑的根源，我可能真的就放弃了。

“1. 我首先问自己：‘困扰我的问题到底是什么？’问题是，我拨打的电话数量惊人，却没有得到足够高的收益。我在向潜在客户推销时显得不错，但到要完成销售的那一刻，客户会说：‘好吧，我再考虑一下，贝特格先生，之后再来找我吧。’在这些后来打的跟进电话上浪费的时间让我郁闷。

“2. 我问自己：‘有哪些可能的解决办法？’为了得到这个问题的答案，我必须研究案例情况。我拿出过去 12 个月的记录本，研究起里面的数据来。

“我惊奇地发现，就在那里，白纸黑字，我 70% 的业务是在第一次会面时完成的，23% 的业务是在第二次会面时完成的。只有 7% 的业务是在第三次、第四次、第五次等会面时完成的。这些单子让我疲于奔命，占用了我太多时间。换句话说，我浪费了整整一半的工作日干的这部分业务只占我销售额的 7%！

“3. 解决方法是什么？解决方法是显而易见的——我立即取消了第二次会面之后的所有拜访，并将额外的时间用于开发新的潜在客户。这样做的结果令人难以置信：在很短的时间内，我每一次拜访的保单成交量几乎翻了一倍！”

我说过，弗兰克·贝特格现在是美国最著名的寿险推销员之一，但他曾想过放弃，自认为处在失败的边缘，直到他分析了自己面临的难题，找到了解决办法，这才让他走上成功之路。

你能把这个方法用来分析你的职场难题吗？

当你使用这些问题的时候，你的忧虑将减少 50%。

1. 究竟有什么问题？

2. 造成此问题的可能原因有哪些？

3. 有哪些可能的解决办法？

4. 你建议采取什么解决办法？

小　结

分析忧虑的基本技能

- 规则 1　了解事实，积极行动
- 规则 2　如何消除工作中 50% 的忧虑

人性的优点

PART 3

第三部分

停止忧虑的良方

1. 保持忙碌

我永远不会忘记那天晚上，我班上的学生马里恩讲述了他的真实经历。他告诉我们悲剧是如何接二连三地降临到他家的。第一次，他 5 岁的爱女不幸去世，他和妻子悲痛欲绝，“10 个月后，上帝又给了我们一个小女孩，但是她生下来五天就死了。”

这种双重的丧女之痛让人无法承受。这位父亲告诉我们：“我受不了了，我无法入睡、无法进食，无法休息。我甚至失去了对生活的信心。”最后，他去看医生，一位医生建议吃安眠药，另一位医生建议他去旅行。这两种方法他都试了，但都没有帮助。他说：“我的身体好像被夹在一个老虎钳里，钳口越夹越紧。”这就是过度悲伤造成的紧张，如果你也曾不幸经历过这样刻骨铭心的痛苦，你就能理解他的感受。

“感谢上帝，我还有一个 4 岁的儿子，他给了我解决问题的办法。一天下午，当我坐在那里自怨自艾时，他问：‘爸爸，你能为我做一只玩具船吗？’我没心思做船，实际上，我没心思做任何事，但我的儿子是个执着的小家伙！我不得不听他的了。

“做玩具船大概花了3个小时。当我把它完成的时候，我意识到做船的这3个小时是我几个月来第一次放松和平静下来的时间！

“这个发现让我从昏睡中惊醒，让我开始思考——这是我几个月来第一次真正的思考。我意识到，当忙于一些需要计划和思考的事情时，我就顾不上忧虑了。就我来说，做玩具船排除了我的忧虑。所以我决心继续保持忙碌。

“第二天晚上，我写下了必须完成的事务清单，包括几十件需要修理的东西：书柜、楼梯台阶、防风窗、窗帘、门把手、锁头、漏水的水龙头等。令人难以置信的是，两周时间，我列出的需要完成的事项多达242件。

“在过去的两年里，我已经完成了其中的大部分事项。此外，我的生活充满了刺激和活力——我每周有两个晚上在纽约参加成人教育课程，我参加了一些社会活动，而且担任了学校董事会的主席。我参加了数十个会议，帮助红十字会和其他组织筹集资金。我现在很忙，没有时间忧虑。”

“没有时间忧虑！”这正是温斯顿·丘吉尔说过的话。在战争最激烈的时候，他每天工作18个小时。当有人问他是否为肩负的巨大责任而担心时，他说：“我太忙了，没有时间忧虑。”

查尔斯·凯特林发明汽车自启动器时也遇到了同样的问题。凯特林先生之前是通用汽车公司的副总裁，管理举世闻名的通用汽车研究公司。他曾经非常贫穷，穷到不得不把谷仓顶的草棚当作实验室。当时，他用妻子教钢琴课赚来的1 500美元维持生活。后来，他又抵押他的人寿保险贷了500美元。我问他的妻子，那个时候不担心吗？“当然，”她回答说，“我担心得睡不着觉，但凯特林先生却一点儿也不担心，他只专注于他的工作，没功夫担心。”

伟大的科学家巴斯德曾说：“在图书馆和实验室中可以找到宁静。”为什么在那些地方可以找到宁静？因为在图书馆和实验室里的人通常都非常专注于他们的工作，没功夫胡思乱想。做研究的人很少有神经衰弱的情况，他们没有时间做这种“奢侈”的事情。

为什么保持忙碌有助于驱除焦虑？因为心理学当中有一条基本规律：无论多么富有才智的人，同一时间他的心里也容不下两件事情。你不太相信？好啊，让我们做个实验。

假设你现在向后靠，闭上眼睛，并尝试同时去想自由女神像和明天早上打算做的事情。（来吧，试试看。）

你发现了吧？你可以轮流专注在其中一个想法上，但永远不能同时专注于两个想法。我们的情绪也是如此：我们不可能在做一件令人兴奋的事情时既感到活力和热情，同时又被忧虑拖累。一种情绪会赶走另一种情绪。正是这个简单的发现，军队的精神病医生在第二次世界大战期间创造了下面要讲的奇迹。

战后的士兵，由于太多的创伤经历，他们患上了“精神神经症”。陆军医为此开出了“保持忙碌”的处方。

这些有内在创伤的士兵在清醒的每一分钟都被排满了各种户外活动，如钓鱼、打猎、打球、打高尔夫、拍照、做园艺和跳舞等，这让他们没有时间回想所经历的可怕的战争。

“职业疗法”是精神病学现在使用的术语，它指的是用工作治疗心理障碍。这并不新鲜，古希腊医生在公元前500年就使用过这种疗法。

在富兰克林生活的时代，贵格会就已在费城使用这种疗法。1774年，有人参观了贵格会的疗养院，看到那些精神病人正忙着纺织，他感到很震惊，认为这些可怜的不幸者被剥削了。贵格会成员解释说，他们发现适量的工作会使病人的症状有所改善，工作对他们的神经有舒缓作用。

任何精神病医生都会告诉你，“保持忙碌的工作”是有史以来最好的麻醉剂。亨利·朗费罗在失去妻子时发现了这一点。一天，他的妻子用蜡烛熔化封蜡时，她的衣服着火了。朗费罗听到她的呼救声，想及时赶到她身边，但她最终因烧伤过重而死。那段时间，朗费罗被噩梦般的经历折磨得快要发疯，幸运的是，他还有三个小孩需要照看。尽管很悲痛，朗费罗还是承担起照顾孩子的重任。他带他们散步，给他们讲故事，和他们做游戏，并在他的不朽诗作《孩子们的时光》中记录了父子之间的亲情。他还翻译了但丁的《神曲》。所有这些事加在一起，让他忙得完全忘记了悲伤，并恢复了心灵的平静。正如丁尼生在好友亚瑟·哈勒姆去世时所说的那样，“我必须让自己沉浸在工作里，以免在绝望中枯萎”。

当我们在埋头苦干、投入工作时，可以毫无困难地沉浸在工作里，但下班后的时间才是危险的，这时我们可以享受属于自己的闲暇时光，本应该是最快乐的，可忧虑这个蓝色的“魔鬼”就会在此时攻击我们。这时我们会琢磨：人生是否有意义？我是否已经裹足不前，老板今天说的那句话是否有别的意思？或者，我的外表已经不再有魅力？

当我们空闲时，我们的头脑往往会变成一个近乎真空的状态。学过物理的人都知道，“自然界中没有真空状态”。你能看到的最接近真空的东西就是白炽灯泡的内部。打破这个灯泡，大气压就会迫使空气进入，填补真空的部分。

那么空虚的心灵又用什么填补？通常是情绪。因为忧虑、恐惧、仇恨、嫉妒和羡慕的情绪是由原始的欲望驱动的，这些情绪非常狂暴，会把所有和平幸福的想法和情绪从我们的头脑中赶出去。

哥伦比亚大学教授詹姆斯·默塞尔说得很好：“忧虑从来不会在你行动时侵袭你，它总是在你闲暇时进攻。这时你会胡思乱想，开始天马行空，想到各种可能性，扩大任何蛛丝马迹。这种时刻，你的心境像是空转的马达，终将自我毁灭。治疗忧虑的方法就是去忙一些有建设性的事。”

你不必成为大学教授，也能意识到这个道理并将其付诸实践。在第二次世界大战期间，一位来自芝加哥的家庭主妇告诉我，她是怎样发现“对抗忧虑的方法就是让自己忙碌，做一些有意义的事情”。当我从纽约前往密苏里州的农场时，在餐车上遇到了这位女士和她的丈夫。

这对夫妇告诉我，他们的独生儿子在珍珠港事件的第二天就应征入伍。这位女士说，她为儿子担心，日渐憔悴。他在哪里？他安全吗，还是在作战？他是否会受伤？会战死沙场吗？

当我问她如何正向处理压力时，她回答说：“迫使自己忙起来。”她告诉我，她起初解雇了女佣，试着通过自己做所有的家务来保持忙碌，但这并没有什么帮助。而且，“我几乎可以机械地做家务，不用动脑筋，所以在整理床铺和洗碗的时候，我仍在忧虑。我意识到我需要一份新工作，让我每时每刻都能保持忙碌。于是，我在一家大型百货公司找了一份推销员的工作”。

“这一步走对了，”她说，“我立即发现自己真正忙碌起来了：顾客蜂拥而至，向我询问价格、尺寸和颜色。除了眼前的工作，我没有时间去想其他事情。到了晚上，除了疼痛的双脚，我什么都想不起来。一吃完晚饭，我就倒在床上，马上进入梦乡，没有时间也没有精力去忧虑了。”

她自己发现了约翰·考珀·波伊斯在《遗忘的艺术》中所说的话：“人类在工作时所得到的安全感、内心深处的平静与快乐确实具有抚慰人心的力量。”

世界上最著名的女探险家奥萨·约翰逊最近告诉我，她是如何从忧虑和悲伤中释放的。你可能已经读过她的人生故事，那本书叫作《我嫁给了冒险》。马丁·约翰逊在她 16 岁时和她结为夫妻，从堪萨斯州沙努特的大街到婆罗洲（印度尼西亚的加里曼丹岛）的野生丛林小路都留下了他们的踪迹。20 多年来，这对来自堪萨斯州的夫妇走遍了世界各地，为亚洲和非洲正在灭绝的野生动植物拍摄电影。9 年前他们回到美国，开始巡回演讲，并展示他们拍摄的电影。之后他们乘坐飞机离开丹佛，飞机坠入一座山中，马丁·约翰逊不幸当场死亡。奥萨受了重伤，医生说她将从此卧床不起，但他们并不了解奥萨。3 个月后，她坐在轮椅上，不仅又开始在大批听众面前演讲，而且，那段时间她讲了一百多场，都是坐在轮椅上讲的。当我问她为什么这样做时，她回答说：“我这样做是为了让我没有时间去悲伤和忧虑。”

奥萨·约翰逊发现了丁尼生在一个世纪前所吟唱的同样的真理：“我必须不断忙碌以遗忘自己，否则我将崩溃。”

伯德上将也发现了这一真理，当时他独自在一个覆盖南极的巨大冰盖下的棚屋里生活了5个月，这个冰盖保守着大自然最古老的秘密，它覆盖了那块未知的大陆，比美国和欧洲的面积总和还要大。伯德上将在那里独自呆了5个月。100英里（1英里≈1.609千米）内没有任何其他生物存在。天气如此寒冷，冷到他仿佛听到自己的呼吸冻结成雪花，听到风把这些雪花吹过他的耳朵。伯德上将在《独自一人》一书中讲述了他在迷茫的、让灵魂破灭的黑暗中度过的那5个月，无边无际的黑暗与等不到的白天，他必须保持忙碌才不至于被逼疯。

他写道：“晚上，在吹灭灯笼之前，我养成了规划好明天的工作的习惯。比如说，用一小时来处理逃生隧道，半小时平整漂流物，一小时整理燃料桶，一小时在食品隧道的墙壁上开凿书架，再有两小时修补载人雪橇……

“用这种方式分配时间，很有意义。它让我拥有了一种非凡的控制感……”他接着写道：“如果没有这种方式或类似的方式，我的生活就会没有目标；没有目标，可能就会终结，这样的日子总会把人逼疯。”

请注意上面最后一句话，“没有目标，可能就会终结，这样的日子总会把人逼疯。”

如果我们都被忧虑困扰，请记住，我们可以把工作当作一种良药。这句话是已故的哈佛大学临床医学教授理查德·卡伯特博士说的。卡伯特博士在其著作《人靠什么活着》中说：“作为一名医生，我很高兴看到工作治好了许多精神麻痹症患者，这种麻痹症是由过度怀疑、犹豫、动摇和恐惧造成的。工作赋予我们的勇气就像爱默生一直强调的那种自强不息的精神一样。”

如果我们无所事事，整天胡思乱想，就会“孵化”出一大群被查尔斯·达尔文称为“胡言乱语”者的人。这些“胡言乱语”者就像是传说中的小精灵，它们会使我们变得空虚，破坏我们的行动力，摧毁我们的意志力。

我认识一个纽约的商人，他与“胡言乱语”者做斗争的方式是让自己忙到没有时间去烦躁和纠结。他叫特伦佩尔·朗曼，是我的学生。他关于正向处理压力的演讲非常有趣，令人印象深刻，我邀请他在课后与我共进晚餐。以下是他告诉我的故事：“18 年前，我因过度忧虑而失眠。我紧张、易怒、心神不宁，处于精神崩溃的边缘。

“我这么忧虑是有理由的。我是位于纽约西百老汇大街一家水果制品公司的财务主管。当时我们投入 50 万美元在加仑罐装草莓上。20 年来，我们一直将这些加仑罐装草莓销售给冰激凌制造商。突然间，我们的销量大跌了，因为大型冰激凌制造商，如美国国家乳品公司和波登公司正在迅速增加产量，并通过购买桶装草莓来节省资金和时间。

“我们不仅有 50 万美元的草莓无法出售，而且我们还和供应商签了合同，需要在未来 12 个月内再购买价值 100 万美元的草莓！我们已经从银行贷了 35 万美元，现在已不可能还清或续借这些贷款。我真的十分担心！

“我急忙赶到工厂所在地加利福尼亚州沃森维尔，试着说服总裁，告诉他市场形势已经变了，我们的公司正面临破产，但他不相信，还把所有的问题归咎于我们的纽约办事处，责怪我们销售不利。

“经过几天的软磨硬泡，我终于说服他停止生产更多罐装草莓，并在旧金山的市场出售我们的新鲜草莓。这缓解了我们目前的问题。我本应停止忧虑了，但我做不到。担心已经成为我的一种习惯。

“当我回到纽约，我又开始担心一切——我们在意大利买的樱桃、在夏威夷买的菠萝等。我很紧张，提心吊胆，睡不着觉，而且，正如我已经说过的，我正处于精神崩溃的边缘。

“绝望中，我采取了一种新的生活方式，从而治好了我的失眠，也使我停止了忧虑。我开始忙碌起来，忙于处理需要我使出浑身解数处理的难题。我没有时间去担心。我以前每天工作 7 个小时，现在每天要工作 15 到 16 个小时。我每天早上 8 点到办公室一直待到将近午夜才下班。我承担了新的任务，担负了新的责任。当我半夜回到家时，已经非常疲惫，倒头就睡。

“这个计划我坚持了大约 3 个月，那时我已经解决了忧虑的问题，恢复了每天正常工作七八个小时。这件事发生在 18 年前，从那时起，我再也没有被失眠或忧虑困扰过。”

萧伯纳是对的。他这样说过：“悲惨的人生，起因于有余暇烦恼自己过得是否快乐。”因此，不要费心胡思乱想了！撸起袖子，开始行动起来吧！你的血液会加速流转，你的头脑会更加清醒——很快，积极涌动的生命力就会把忧虑从你的大脑中赶走！

忙起来吧！保持忙碌，这是地球上最便宜的一种药物，也是最好的一种。

要破除忧虑的习惯，这里是建议 1：

保持忙碌。
忧虑的人必须沉浸在工作里，
以免在绝望中枯萎。

2. 不要为琐事烦恼

这里有一个令人难忘的戏剧性的故事，它是梅普尔伍德市的罗伯特·摩尔告诉我的。

“1945 年 3 月，我学到了人生中最重要的一课，”他说，“我是在中南半岛海岸附近 276 英尺（1 英尺 ≈ 0.3048 米）深的海底学到的。当时，我们 88 人在编号为“Baya S.S. 318”的潜艇上。我们通过雷达侦测到一支小型日本护航船队正向我们驶来。天快亮时，我们潜入水下发起攻击。我通过潜望镜看到一艘护航的日本驱逐舰、一艘油轮和一艘布雷艇。我们向护航的驱逐舰发射了 3 枚鱼雷，但都没有击中，每枚鱼雷的机械装置都出了问题。驱逐舰继续前进。我们正准备攻击最后一艘布雷艇时，它突然转过身，直接向我们冲来。(一架日本飞机发现我们在 60 英尺的水下，并通过无线电将我们的位置发给了日本布雷艇。) 我们下潜到水下 150 英尺，以免被发现，同时为应对深水炸弹做好准备。我们在舱门上加装了额外的螺栓，为使潜艇绝对安静，我们关闭了风扇、冷却系统和所有电气设备。

“3 分钟后，一阵惊雷般的轰鸣，6 个深水炸弹在我们周围爆炸，把我们推到深度为 276 英尺的海底。我们吓坏了。在不到 1 000 英尺深的水中受到攻击是很危险的，如果不到 500 英尺深，几乎是致命的。我们甚至是在差不多 500 英尺的一半深的水里被攻击，这好比一个人站在水里，水还没不过膝盖，毫无安全可言。在 15 个小时里，那艘日本布雷艇不断投下深水炸弹。如果深水炸弹在潜艇的 17 英尺范围内爆炸，潜艇上就会被炸出一个洞。这些深水炸弹有几十个在距我们 50 英尺的范围内爆炸。我们奉命“确保安全”，我们安静地躺在铺位上，保持冷静。我恐惧至极，几乎无法呼吸。‘这下死定了，’我一遍又一遍地对自己说，‘这下死定了……！’

“‘这下死定了！’随着风扇和冷却系统的关闭，潜水艇内的空气超过了 100 华氏度（约 37.78 摄氏度），我却因恐惧而感到寒冷。即使我穿上了毛衣和外套，仍然冷得发抖，牙齿打战，出了一身冷汗。攻击持续了 15 个小时，然后突然停止了。显然，日本布雷艇已经用完了它的深水炸弹，并驶离了。这 15 个小时就像 1 500 万年那样久，让我在脑海中回顾往昔的人生。

“我想起了我做过的所有坏事，所有担心过的荒唐小事。在加入海军之前，我是一名银行职员。我曾抱怨工作时间长、工资低、升职前景差。我担心我买不起房，买不起新车，不能给妻子买漂亮衣服。我恨我的老上司，他总是唠唠叨叨，骂骂咧咧！我还想起我晚上回到家时经常闷闷不乐，为一些小事和妻子争吵。我曾为额头上的一道伤疤而苦恼，那是车祸留下的一道难看的伤疤。

"几年前，这些忧虑让我烦恼不已，但当深水炸弹随时要把我炸上天时，这些忧虑显得极其荒唐可笑。我当时向自己保证，如果我还能看到明天的太阳和星星，我将永远不会忧虑，永远不会！在潜艇上那恐怖的 15 个小时，我得到了太多关于生活的感悟，比我在雪城大学 4 年的大学知识还要多。"

很多人能勇敢地面对生活中的重大灾难，却因为生活中的琐事垂头丧气、疲惫不堪。塞缪尔·佩皮斯在日记中讲述了他在伦敦看到哈里爵士被砍头的事情。当哈里爵士登上断头台时，他不是在求饶，而是在求刽子手不要碰到他脖子上疼痛的脓包！

这也是伯德上将在寒冷漆黑的极地之夜发现的：他的手下毫无怨言地忍受着极寒和危险。"但是，"伯德上将说，"我知道有些人同住一屋却不互相交流，因为怀疑对方物品挤占了自己的空间；我还知道有一个人在吃东西的时候不能看到那个喜欢细嚼慢咽且每一口要咀嚼 28 次的人。

"在南极地营里，"伯德上将说，"即使训练有素的士兵也会被这样的小事逼到精神错乱的边缘。"

伯德上将啊，你可能也会同意，婚姻中的"小事"也会把人逼到精神错乱的边缘，导致"世界上一半的心痛"。

至少，官方是这么说的。芝加哥的贾奇·约瑟夫·萨巴思法官在审理了 4 万多起婚姻案中总结道："大部分婚姻的不幸来自鸡毛蒜皮的小事。"纽约郡地区检察官弗兰克·霍根说："在刑事法庭上，有一半的案件起源于小事。酒吧里的争吵、家庭里的争吵、一句侮辱性的话、一个轻蔑的词、一个粗鲁的动作——这些都是导致冲突和谋杀的因素。我们中很少有人生性残忍，正是这些对我们自尊心的小打击、侮辱，以及对我们虚荣心的小冲撞，造成了世界上一半的心痛。”

埃莉诺·罗斯福刚刚结婚时，她“郁闷了好几天”，只因为她的新厨师做了一顿糟糕的饭。“如果现在发生这种情况，”罗斯福夫人说，“我会耸耸肩，然后忘记它。”很好，这才是成年人的表现。即使是独裁者叶卡捷琳娜大帝，当厨师做坏了一餐饭时，也只是对此一笑置之。

一次，我和夫人在芝加哥的一个朋友家吃晚饭。在分餐切肉时，他出了点小差错。我没有注意到，即使我注意到了，我也不会在意，但他的妻子看到了，便当着我们的面对他大发雷霆。“约翰，”她喊道，“看看你在做什么！你就学不会餐桌礼仪吗？！”

然后她对我们说：“他总是在犯错，他就是不上心！”也许我的朋友没有用心去分餐，但我真佩服他能和这样的妻子相处20年之久。坦率地说，我宁愿在和平的气氛中吃几个加芥末的热狗，也不愿一边听她骂人一边吃北京烤鸭和鱼翅。

那次经历后不久，我和妻子请了一些朋友到我们家吃饭。在他们到来之前，我妻子发现有3条餐巾与桌布不相配。

“我急忙去找厨师，”她后来告诉我，“却发现匹配的3条餐巾已经送去洗衣店了。客人们快到了，没有时间换了，我急得要哭出来了！我很生气，心想：‘为什么要让这个愚蠢的错误毁掉整个夜晚？’然后我转念一想，它真的会毁了我美好的夜晚吗？我走进餐厅，决心拥有一个愉快的夜晚。我确实做到了。我宁愿朋友们认为我是一个马虎的主妇，也不愿被认为是一个紧张的、坏脾气的女人。而且就我所知，根本就没有人注意到那几条餐巾！”

有一条著名的法律格言：“法律并非为琐事而订。”如果你想获得心灵的平静，就不应该让自己陷入琐事之中。

很多时候，我们若要克服琐事的烦扰，只需刻意转移一下重点，在头脑中建立一个新的、令人愉快的视角。我的朋友霍默·克罗伊写了《他们必须去看巴黎》等十几本书，他为如何做到这一点提供了一个精彩的例子。他在写书的时候，曾经被公寓暖气片的响声干扰得快疯掉了——水蒸气砰砰作响，发出啧啧声，他坐在书桌前写作时也会被气得发出啧啧声。

霍默·克罗伊说：“后来，我和一些朋友去野营探险。当我听着熊熊大火中的树枝噼啪作响时，我觉得它听起来多么像暖气片的噼啪声。所以，我为什么要喜欢一个声音而讨厌另一个声音呢？当我回到家时，我对自己说，‘火中的树枝噼啪作响是一种悦耳的声音，暖气片的声音也差不多。我可以呼呼大睡，不理会这些噪音’。

“我确实做到了。头几天，我还能注意到暖气片的声音，但很快我就把它忘得一干二净。

“许多琐碎的烦恼也是如此，我不喜欢它们，并因此纠结，这都是因为我夸大了它们的重要性……”

英国前首相迪斯雷利曾说：“人生苦短，休计较。”安德烈·莫鲁瓦在《本周》杂志上说：“这句话帮助我熬过了许多痛苦的经历。我们常常让自己为一些应该置之脑后和忘记的小事而烦恼。在这个地球上，我们只有短短几十年的生命，却浪费了太多无法挽回的时间，去为那些一年后不会在意的琐碎小事而抱怨。还是让我们把生命献给有价值的行动和情感，献给伟大的思想、真正的热爱以及持久的事业吧，人生苦短，休计较。”

即使像吉卜林这样杰出的作家，有时也会忘记“人生苦短，休计较”这条人生真理。结果是什么？他和他的妹夫打了一场佛蒙特州历史上最著名的官司——这场官司引来太多关注，甚至有人为它写了一本书《鲁德亚德·吉卜林的佛蒙特州之斗》。

事情是这样的，吉卜林娶了佛蒙特州的女孩卡罗琳·巴莱斯蒂尔，在佛蒙特州的布拉特尔伯勒建了一座漂亮的房子，定居下来，并打算在那里安度余年。他的妹夫比提·巴莱斯蒂尔成了吉卜林最好的朋友，他们一起工作，一起玩乐。

之后，吉卜林从巴莱斯蒂尔那里买了一些土地，并允许巴莱斯蒂尔每个季节在地里收割干草。有一天，巴勒斯蒂尔发现吉卜林在这片干草场上建了一个花圃。他暴跳如雷，勃然大怒。吉卜林马上反唇相讥，佛蒙特州的绿色山野上空顿时硝烟弥漫！

几天后，当吉卜林在外面骑自行车时，他的妹夫驾着一辆马车突然横穿马路，导致吉卜林摔倒。虽然吉卜林曾在《如果》中写道：“假如你能保持冷静，即使众人都失去理智，并且归咎于你”——但他没能保持冷静，他发誓要让巴莱斯蒂尔遭到逮捕！大城市的记者们纷纷涌入该镇，新闻传遍了全世界，最后官司却无果而终。这场争斗使吉卜林和他的妻子放弃了美国的家园，余生不再回返。吉卜林所有的忧虑和痛苦都是为了一件小事——一堆干草。

伯里克利 2 400 年前曾说：“来吧，先生们，我们在小事上耽搁得太久了。”我们确实是这样的！

下面是哈里·爱默生·福斯迪克博士讲过的最有趣的故事，是关于一位森林巨人如何在战斗中取胜和失败的。

在科罗拉多州龙之峰的山坡上，有一棵巨大树木的遗骸。博物学家告诉我们，它矗立了大约400年。当哥伦布在圣萨尔瓦多登陆时，它还是一棵幼苗；当清教徒朝圣者在普利茅斯定居时，它已长成了一半。在它漫长的生命过程中，它被闪电击中了14次，4个世纪以来无数次的山崩和风暴从它身边隆隆滚过，它都幸存了下来。然而，一大群甲虫袭击了这棵树，最终让它倒在地上。这些甲虫吃透了树皮，并以微小但不间断的攻击逐渐摧毁了树的内里。一个未随岁月枯萎，没被闪电炸碎，也没向风暴屈服的森林巨人，最终倒在了可以用手指捏碎的小小甲虫面前。

我们是否也像这个在森林里战斗过的巨人？我们不是也想办法挺过了罕见的风暴、山崩，以及人生中的“雷击电打”，却任由内心被忧虑这种“小甲虫”侵蚀？这些“小甲虫”是可以用手指捏碎的呀。

几年前，我和怀俄明州的公路总监查尔斯·塞弗雷德以及他的一些朋友一起穿越怀俄明州的大蒂顿国家公园，准备参观公园里的约翰·洛克菲勒庄园。但是，我乘坐的汽车转错了方向，迷了路，在其他汽车进去一小时后才开到庄园的入口。只有塞弗里德先生有私用大门的钥匙，所以他在炎热、蚊虫肆虐的树林里等了一个小时，直到我们到达。那里的蚊子足以让一个圣人发疯，但它们无法打败查尔斯·塞弗里德——他一边等我们，一边从一棵杨树上砍下一根树枝，做了一个哨子。当我们到达时，他在骂蚊子吗？不，他在吹哨子。我一直保留着那个哨子，纪念这位不把小事放在心上的朋友。

为了消除压力，这里是建议 2：

不要为琐事烦恼。

谨记：“人生苦短，休计较。”

3. 切莫杞人忧天

儿时，我在密苏里州的农场里生活。一天，我在帮母亲摘樱桃时，突然哭起来。我母亲问："戴尔，你到底在哭什么？"我哭着说："我担心我会被活埋！"

那些日子里，我充满了忧虑。暴风骤雨时，我担心自己会被雷电劈死。困难时期，我担心我们没有足够的食物。我担心我死后会下地狱。我担心一个叫山姆·怀特的大男孩会割掉我的大耳朵，因为他是这么威胁我的。我担心如果我向女孩们抬帽行礼，她们会笑话我。我担心没有女孩会愿意嫁给我，我担心结婚后我不知道该对妻子说什么——我想象着我们会在某个乡村教堂里结婚，然后坐一辆顶上有流苏的双人四轮马车回农场……但在回农场的路上，我怎样才能一直和她谈话呢？怎么办？怎么办？当我走在犁后面时，我为这个"惊天动地"的问题思考了很久。

随着时间的推移，我逐渐发现，我所担心的事情里有 99% 从未发生过。

例如，我曾经很害怕雷电，但我现在知道，根据美国国家安全委员会的统计，一个人在一年中被雷电击中的可能性只有1/350 000。

我担心被活埋其实更荒唐：即使是在防腐处理还没有普及的年代，一千万人里也不会有一个人被活埋——而我还因为担心被活埋而哭过。

世界上每八个人中就有一个人死于癌症。如果我真的想找点儿担心的事情，我更应该担心癌症，而不是被雷击，或者被活埋。

可以肯定，我刚才一直在谈论童年和青春期时的忧虑。但是，成年人的忧虑几乎同样荒唐。如果我们从担忧中冷静下来，去了解一下概率并评估我们的忧虑是否有正当的理由，你的忧虑或许马上就可以消除90%。

地球上最著名的保险公司伦敦劳合社已经赚到盆满钵满，就是利用大家对那些很少发生的事情担忧的心态。

我们可以视保险为一场博弈。伦敦劳合社与投保者打赌，他们所担心的灾难永远不会发生。然而，他们并不把这称为打赌。他们称其为“保险”，但它实际上是基于平均法则的赌注。这家伟大的保险公司已经稳步发展了200年，除非人性发生变化，否则从现在起再过5 000年，它仍将继续稳步发展。人们仍会为鞋子、船只和密封蜡投保，而根据平均法则，这些灾害几乎不会像人们想象的那样经常发生。

如果我们研究平均法则，我们往往会对我们所发现的事实感到震惊。例如，如果我知道在未来五年内，我将不得不参加像葛底斯堡战役（美国南北战争中的决定性战役）那样血腥的战斗，我会感到害怕，我会买下所有能买得到的人寿保险；我会起草遗嘱，把在世的所有事务安排妥当。我会说："我可能永远无法从那场战役里活下来，所以我最好充分利用剩下的几年时间。"然而事实是，根据平均法则，在和平时期从 50 岁活到 55 岁，其实和参加葛底斯堡战役一样危险、一样要命。我想说的是，在和平时期，每千人在 50 岁至 55 岁期间死亡的人数，和每千人在葛底斯堡战斗中死亡的人数是一样的。

我在詹姆斯 · 辛普森的娜姆提加小屋撰写了本书的几个章节，该小屋位于加拿大落基山脉的弓湖岸边。有一年夏天，我遇到了旧金山的赫伯特 · 塞林杰先生和夫人。塞林杰夫人是一位沉着、冷静的女人，在我的印象中她从未担心过什么事情。一天晚上，在熊熊燃烧的壁炉前，我问她是否被忧虑困扰过。她说："被它困扰？我的生活几乎被它毁了！在我学会正向处理压力之前，我有 11 年活在自己建造的地狱里——我很容易发怒，脾气暴躁，生活在极度紧张的状态下。我每周都会从圣马提奥的家坐车去旧金山购物，但即使在购物时，我也担心得要命，我怕把电熨斗忘在熨衣板上，我怕房子因此着火了；我怕女佣跑了，把孩子们独自留在家里，没准孩子们骑着自行车出去，被汽车撞死了……购物时，我经常会胡思乱想，把自己吓出冷汗，然后赶紧坐车回家，看看一切是否安好。难怪我的第一次婚姻以失败告终。

"我的第二任丈夫是个律师，他是一个冷静的、善于分析的人，他从不为任何事担心。当我变得紧张和焦虑的时候，他会对我说，'放松，让我们把这个问题想清楚。你真正担心的是什么？

让我们仔细想想平均法则，看看它有没有可能发生’。

“我记得有一次我们从新墨西哥州的阿尔伯克基开车去卡尔斯巴德岩洞，在一条土路上行驶时，遇到了一场可怕的暴雨。

“汽车不受控制地滑动，我觉得我们会滑到路边的沟里，但我丈夫一直安慰我说，‘我开得很慢，不可能发生什么严重的事情。即使汽车真的滑到沟里，根据平均法则，我们也不会受伤’。他的冷静和自信让我平静下来。

“有年夏天，我们在加拿大落基山脉的托金山谷露营。一天晚上，我们在海拔 7 000 英尺的地方露营，暴风雨几乎要把我们的帐篷撕成碎片。帐篷被专用绳索绑在一个木头平台上，帐篷在风中摇晃、颤抖、猎猎直响。我每时每刻都担心会看到帐篷被扯烂，飞向天空。我吓坏了，但我丈夫一直说，‘看，亲爱的，我们是和布鲁斯特的向导在一起。他知道自己在做什么，他们在这些山上扎营已经有 60 年了。这顶帐篷在这里历经风吹雨打，它还没有被吹倒，而且根据平均法则，它今晚也不会被吹走；即使它被吹走，我们也可以在另一个帐篷里避难。所以真的不用紧张’。我放松下来，整晚都睡得很香。

“几年前，小儿麻痹症席卷了我们所在的加州地区。如果是以前，我肯定会惊慌失措，但我丈夫劝我冷静行事。我们采取了所有可能的预防措施，还让孩子远离人群，不去学校和电影院。通过咨询卫生局，我们发现，根据已知数据，即使在有史以来最严重的小儿麻痹症流行期间，整个加州也只有 1 835 名儿童患病。尽管这些患病的孩子是悲惨的，但我们知道，根据平均法则，每一个孩子患病的概率都很小。

“‘根据平均法则，这种事不会发生。’这句话消除了我 90% 的忧虑，它让我在过去的 20 年生活得平静而幸福，超出了我的预期。”

乔治·克鲁克将军可能是美国历史上最伟大的印第安人战士，他在其自传中说：“几乎所有的忧虑和不快乐都来自我们的想象，而非现实。”

回顾过去几十年，我发现我大部分的忧虑也来自想象。吉姆·格兰特告诉我，他也有同样的经历。他是詹姆斯·格兰特分销公司的老板。有一次他订购了 10 到 15 车佛罗里达州的橙子和西柚。他告诉我，以前他总用悲观的想法折磨自己：如果火车失事了怎么办？如果水果掉在地上怎么办？如果我的车过桥时桥塌了怎么办？当然，水果是上了保险的，但他担心，如果他不按时交货，他的生意可能会被影响。他担心各种情况，还担心自己得了胃溃疡，于是去看医生。医生告诉他，除了神经紧张外，他没有任何问题。他说：“那时我突然醒悟，并开始问自己问题。我对自己说，‘吉姆·格兰特，这些年来你卖了多少车的水果？’答案是，大约 25 000 车。然后我问自己，‘这些车中有多少辆曾经出过事？’答案是，‘哦，可能有 5 辆’。然后我对自己说，‘25 000 辆中只有 5 辆？你知道这意味着什么吗？ 1/5 000 的比例！换句话说，根据平均法则，一辆车被撞坏的可能性是 1/5 000。那么你有什么可担心的呢？’

“然后我对自己说，‘嗯，桥可能会塌！’然后我问自己，‘你真正因为桥塌损失过多少辆车？’答案是没有。然后我对自己说，‘你是不是个傻瓜，你差点儿把自己担心成胃溃疡，就因为

一座还从未塌过的桥以及只有 1/5 000 的概率出事故的车！’

“当我这样想的时候，我觉得自己很傻。我当时就决定让平均法则打消我的忧虑，从那以后我就再也没被‘胃溃疡’困扰过！”

当阿尔·史密斯担任纽约州州长时，我听到他在回应政敌的攻击时，一遍又一遍地说：“让我们检查一下记录……让我们检查一下记录。”然后他开始陈述事实。下次你为可能发生的事情担心时，可以学学智慧的阿尔·史密斯：让我们检查一下记录，看看那些折磨我们的焦虑值不值得担忧。弗雷德里克·马尔施泰德躺在战壕里担心自己命丧于此时就是这样做的。以下是他在我们的纽约成人班里讲述的故事。

“1944 年 6 月初，我躺在奥马哈海滩附近的一条狭长壕沟里。我当时在第 999 信号服务连，我们刚刚抵达诺曼底。我环顾那条狭长的战壕，它只是地上的一个长方形的洞，我对自己说：‘这看着就像一个坟墓。’当我躺下并试着在里面睡觉时，它真的就像一个坟墓。我不由得对自己说：‘也许这就是我的坟墓。’德国轰炸机在晚上 11 点飞过来，炸弹纷纷落下，我吓得浑身僵直。在最初的两三个晚上，我根本无法入睡。到了第 4 天、第 5 天晚上，我差不多已经精神崩溃了。我知道，如果我不做点儿什么，就会完全疯掉。所以我提醒自己，5 个晚上过去了，我还活着，我们部队的每个人也都活着，只有两个人受伤了，他们不是被德国人的炸弹炸伤的，而是被我们自己发射的高射炮弹碎片砸伤的。我决定做一些有意义的事情来停止担心，于是我在狭长的战壕上盖了一个厚厚的木头屋顶，保护自己不会被高射炮弹片砸到。我想到我们部队分散在大片地区，我告诉自己，在那条又深又窄的狭长战壕里，我唯一可能的死法就是被直接击中，而我被直接击中的可能性不到万分之一。这样想了几个晚上后，我平静下来了，甚至在敌军轰炸时也能安然入睡！”

美国海军也利用平均法则统计的数字来鼓舞士气。一位前水手告诉我，当他和船友们被分配到装满高辛烷值汽油的油轮上时，他们都很担心。他们认为，如果一艘装满高辛烷值汽油的油轮被鱼雷击中，就会把所有人都炸到天上去。

为此，美国海军发布了准确的统计数据，显示在 100 艘被鱼雷击中的油轮中，有 60 艘没有沉船；而在 40 艘沉没的油轮中，只有 5 艘在 10 分钟内沉没。这意味着船员有时间下船，也意味着伤亡人数极少。这是否有助于提高士气？明尼苏达州圣保罗市的克莱德·马斯说：“对平均法则的了解消除了我的紧张情绪，整个团队都感觉好多了。我们知道自己仍有机会，而且，根据平均法则，我们不需要担心会死在这里。”

为了消除忧虑，这里是建议 3：

切莫杞人忧天。

“检查一下记录。”

让我们问问自己，

“根据平均法则，担心的事情发生的概率有多大？”

4. 接受现实，调整心态

当我还是个小男孩时，我和几个朋友在密苏里州西北部一栋废弃的老木屋的阁楼上玩。当我从阁楼上爬下来时，我把脚搁在窗台上休息了一会儿，然后跳了下去。当时，我的左手食指上戴着一枚戒指，当我跳下来时，戒指被一个钉子卡住，把我的手指扯断了。

我尖叫起来，吓坏了，我以为自己要死了。等我的手痊愈后，我就再也没为它担心过。烦恼有什么用呢？我接受了这个无法改变的事实。

现在，我几乎不会在意左手只有4个指头了。

几年前，我遇到过一个人，他在纽约市中心的一栋办公楼里开货运电梯。我注意到他的左手从手腕那里被截掉了。我问他没有了一只手是否让他感到困扰，他说："哦，不，我几乎没有想过这个问题。我还没结婚，我只有在试着穿针引线的时候才会意识到。"

令人惊讶的是，我们几乎可以接受任何情况——如果我们不得不接受的话，只要学着调整自己，忘记它。

我经常想起，荷兰阿姆斯特丹的一座15世纪的大教堂，其废墟上有一块碑文，上面用佛兰德语刻着一句铭文："木已成舟，实难挽回。"

在漫长的人生中，我们都会遇到很多不愉快且无法改变的事实。但我们仍有选择，要么接受它们，并调整自己来适应；要么徒劳反抗，把生活搞得一团糟，甚至毁掉自己的身心健康。

我最喜欢的哲学家威廉·詹姆斯曾说："要能够接受既成的事实。接受已经发生的事实是克服任何不幸的第一步。"俄勒冈州波特兰市东北第49大道的伊丽莎白·康利在历经苦难之后，终于明白了这一点。她在给我写的一封信中说："就在我们庆祝美军在北非取得胜利的当天，我收到了陆军部的电报，我最爱的侄子在作战行动中失踪了。不久之后，又来了一封电报说他已经死了。

"我悲痛欲绝。我一直觉得自己的生活很美好。我有一份喜欢的工作，我曾倾尽所有帮着带大这个侄子。在我看来，他乖巧懂事，象征所有青春的美好。我觉得慷慨付出的努力带来了甜蜜的回报……直到这封电报来了，我的整个世界坍塌了，没有活下去的希望了。我无法工作，疏远了朋友，放弃了一切。我感到痛苦，充满怨恨。为什么我亲爱的侄子要被夺走？为什么这个还有大好人生的、前途无量的年轻人就这么离开了？我无法接受这个事实。我的悲痛是如此巨大，大到我决定放弃工作，离开这里，把自己藏在眼泪和苦楚中。

"我清理着办公桌，准备辞职，这时我看到了一封我已经忘记的信，是几年前侄子在我母亲去世时写给我的信。‘当然，我们会想念她，’他在信中说道，‘尤其是你，但我知道你会继续生活，你的人生信念会让你这样做。我将永远不会忘记你教给我的美好真理。无论我在哪里，或者我们之间距离有多远，我将永远记得你教会我微笑，像一个男子汉一样接受一切。’

“那封信我读了又读，仿佛他就在我身边，正在对我说话。他似乎在对我说，‘你为什么不按照你教我的去做呢？继续生活，不管发生什么。把你的悲伤隐藏在微笑之下，继续生活。’

“于是，我放弃了辞职的念头，不哀怨愤怒了。我一直对自己说，‘事情已经发生了，我改变不了它，但我会按照他希望的那样继续生活’。我把所有的心思和精力都投入到我的工作中。我给士兵写信，他们也是需要被关心的孩子。我参加了一个成人夜校，寻找新的兴趣，结交新的朋友。我几乎无法相信自己身上发生的变化，我已经不再为永远消逝的过去而哀伤，我现在每天都在快乐地生活，就像侄子希望我做到的那样。我已经与生活和解，接受了命运的安排。我现在过着更充实完整的生活。”

俄勒冈州波特兰市的伊丽莎白·康利学到了所有人迟早都要学会的东西，那就是，我们必须接受无法回避的事实。“木已成舟，实难挽回。”要明白这个道理并不轻松，即使是身居宝座之上的国王也要不断提醒自己。已故的英国国王乔治五世在白金汉宫的图书馆里挂着这样一句话：“不要对得不到的痴心妄想，也不要对无法挽回的捶胸顿足。”叔本华也表达了同样的思想：“在人生的旅途中，妥协是最重要的。”

很明显，环境本身并不能左右我们的情绪，我们对环境的反应方式决定了我们的感受。耶稣说："神之国就在你们心里。"那里也是地狱所在。

如果别无选择，我们都可以承受灾难和悲剧，并战胜它们。我们有可能觉得自己无法做到，但我们的内心强大得出乎意料，只要我们愿意，它就能让我们渡过难关。实际上，我们比自己想象得更强大。

已故的大文豪布思·塔金顿总说："我可以接受生活强加给我的任何事，除了失明——我永远无法忍受它。"

然而有一天，在他六十多岁时，塔金顿低头瞥了一眼地板上的地毯，眼前的颜色是模糊的——他看不清。他去找了一位眼科专家，得知了一个悲惨的事实：他的视力正在下降，一只眼睛几乎失明，另一只也将随之失明。他最担心的事情已经降临到他身上。

塔金顿是如何应对这场"最糟糕的灾难"的呢？他是否觉得"就是它！这是我生命的终点"？不，令他惊讶的是，他仍然保持着乐观，这场灾难甚至激发了他的幽默感：眼前漂浮的"斑点"使他恼火，它们会游过他的眼睛，阻挡他的视线。然而，当这些斑点中最大的一个游过他的视线时，他会说："你好啊，黑点老大爷！不知道你在这个美好的早晨要去哪里？"

命运怎么能打败这样乐观的精神呢？答案是不能。塔金顿完全失明的时候，说："我发现我可以承受失明的痛苦，就像一个人可以承受其他任何事情一样。如果我失去了所有五种感官，我知道我可以在我的内心世界继续生活——因为我们是在用心去看，用心去活，不管我们是否明白这个道理。"

带着恢复视力的希望，塔金顿不得不在一年内经历了超过12次的手术，用的是局部麻醉！他是否抱怨过、咒骂过？并没有，他知道自己必须这样做，他知道自己无法逃避，所以减轻痛苦的唯一办法就是优雅地接受它。他拒绝了医院的私人病房，住进了普通病房，在那里他可以和其他同病相怜的人在一起，并鼓励他们振作起来。当塔金顿不得不反复接受手术时，当他完全清醒地知道医生在他眼睛上做的一切时，他总是想着自己是多么幸运。他说："多好啊！现在的科学有能力对人眼这样精细的器官进行手术！"

如果普通人不得不忍受超过12次的手术和失明的痛苦，他可能会精神崩溃，然而塔金顿说："我不会用这种经历来换取一个更快乐的经历。"这场灾难让他学会了接受，让他知道，生活能带给他的一切都不会超过他的承受能力。正像作家约翰·弥尔顿领会到的那样："失明并不悲惨，悲惨的是不能忍受失明。"

新英格兰著名的女权主义者玛格丽特·富勒曾提出她的人生信条："我接受整个宇宙！"

脾气暴躁的老托马斯·卡莱尔听到这句话时，他嗤之以鼻地说："哼，她最好说到做到！"是的，你最好也能说到做到，接受不可避免的事实！

即使我们咒骂过去，让自己苦闷，也无法改变不可避免的事实，但我们可以改变自己。我之所以知道，是因为我已经试过了。

我曾经拒绝接受现实。我像个傻瓜一样抱怨它，并进行反抗。我把夜晚变成了失眠的地狱，我给自己带来了不想要的结果。最后，经过一年的自我折磨，我不得不接受了从一开始就知道不可能改变的事实。

我几年前就该和老沃尔特·惠特曼一起喊出来：

> 哦，面对黑夜、风暴、饥饿、嘲弄、意外、挫败，都要像树木和动物一样坚韧。

我花了12年时间与牲口打交道，可从未见过一头泽西牛因为牧场干旱着火，或因为雨夹雪和寒冷，或因为她的男朋友太关注另一头小母牛而发烧。动物们平静地面对黑夜、风暴和饥饿，它们从未出现神经衰弱或胃溃疡，它们也从未发过疯。

我不是主张大家简单地向逆境低头，并非如此！那样就是宿命论了。只要我们有机会挽救局面，我们就要去战斗！但是，当我们清楚地认识到，我们面对的是无法攻克的现实时，从理智的层面上看，不要瞻前顾后，也不要为不存在的东西而悲伤。

已故的哥伦比亚大学校长霍克斯曾把鹅妈妈童谣作为他的座右铭之一。

> 阳光下的每种病痛，
> 要么有救，要么没救；
> 如果有救，就去找办法。
> 如果没救，就不必管它。

在写这本书的时候，我采访了一些美国著名的商业领袖，他们给我留下深刻印象的是，他们都有接受现实的胸襟，因此过着没有忧虑的生活，否则他们就会在压力下崩溃。我举几个例子说明。

彭尼是全国连锁的彭尼商店的创始人，他对我说："即便我失去了所有财富，也不会担心，因为担心不会让我得到什么好处。我会尽力而为，把结果交给上帝。"

亨利·福特也对我说过同样的话。他说："当我遇到无法处理的事件时，我就顺其自然。"

我问克莱斯勒公司总裁凯勒是怎样对抗忧虑的，他说："当我遇到困难的时候，如果我能解决，我就去解决。如果我无法解决，我就忘记它。我从不担心未来，因为我知道没有人知道未来会发生什么。有太多因素会影响到未来，没人清楚这些因素从何而来，也没人弄明白为什么，所以为什么要为它们担心呢？"如果你把凯勒看作一个哲学家，他会感到很尴尬，他只是一个成功的商人，然而他却和古罗马哲学家爱比克泰德的思想不谋而合。他说："通往幸福的路只有一条，那就是停止担心那些超出我们能力的事情。"

人称"神圣萨拉"的萨拉·伯恩哈特，深谙此道。半个世纪以来，她一直是四大洲的戏剧女王，地球上最受欢迎的女演员之一。她 71 岁时破产了，失去了所有的钱。更不幸的是，她的医生，巴黎的波齐教授说她必须截肢，因为她曾在一次穿越大西洋的旅途中，在风暴中摔倒在甲板上，腿部严重受伤。之后得了静脉炎，腿部萎缩，由于疼痛剧烈，医生认为她必须截肢。他不敢告诉性情刚烈的"神圣萨拉"她将面对什么，他以为这个可怕的消息会使她歇斯底里。但他错了，萨拉看了他一会儿，然后平静地说道：“如果必须这样做，我选择接受。”这就是命运。

当她被推往手术室时，她的儿子站在一旁流泪。她用欢快的手势招呼他，笑着说：“不要走开，我马上就回来！”

在去往手术室的路上，她背诵了一个剧本中的台词。有人问她，这样做是不是为了给自己打气。她说：“不，我是为了给医生和护士打气，他们的压力太大。”

从手术中恢复过来后，萨拉·伯恩哈特又开始在世界各地巡回演出。之后的10年，观众们又有幸欣赏到了她精彩的表演。

“当我们停止与不可避免的现实作斗争时，”埃尔西·麦克科米克在《读者文摘》的一篇文章中说，“我们就能释放出内在的力量，开创更丰富的人生。”

没有人拥有足够的激情和活力，一边对抗不可避免的事情，一边开创新的生活。我们只能选择其中之一：要么接纳生活中不可避免的暴风雪，要么顽强抵抗直至崩溃。

我在密苏里州的一个农场看到了这种情况，我在农场里种了几十棵树。起初，它们的成长速度惊人，然后一场暴风雪来袭，每根树枝上都结了一层厚厚的冰。重压之下这些树没有优雅地屈服，而是骄傲地抵抗着，但终有一天它们将会折断，最后不得不被砍掉。它们还没有学到北方寒带树木的生存智慧。我曾在加拿大的常青树林中穿行数百英里，但我从未见过云杉或松树被雨雪或冰霜击垮，这些常绿林知道如何弯曲，如何压低它们的树枝，如何接受不可避免的事实。

日本柔术大师教导学生“要像柳树一样柔顺，不要像橡树一样坚挺”。

你的汽车轮胎为什么能在路上站起来，承受那么多粗糙的磨损？一开始，制造商试着制造一种能够抵抗道路冲击的轮胎，但它很快就被切成了碎片。然后，他们制造了一种能够吸收道路冲击的轮胎，这种轮胎可以“承受一切”。如果我们学会吸收坎坷人生路上的冲击和颠簸，我们就可以更长寿，活得更精彩。

但是，如果我们抵抗生活的冲击而非吸收它们，将会发生什么？如果我们拒绝“像柳树一样柔顺”，坚持“像橡树一样坚挺”，又会发生什么？答案很简单。我们就会引发一系列的内心冲突，我们就会忧虑、紧张、倍感压力从而变得神经质。

如果我们更极端一些，拒绝接受残酷的现实世界，退缩进自己创造的梦想世界中，那么我们就会疯掉。

在战争期间，数百万心怀恐惧的士兵要么接受不可避免的事实，要么在压力下崩溃。下面是住在纽约格伦代尔的威廉·卡塞利乌斯的获奖演讲。

“我加入海岸警卫队后不久，被分配到大西洋沿岸最热的地区管理炸药。想象一下吧，我，一个饼干推销员，成了炸药主管！一想到自己将站在数千吨的炸药上，我就不寒而栗。我只接受了两天培训，但学到的东西让我更惶恐了。我永远忘不了我的第一个任务，在那黑暗、寒冷、雾蒙蒙的一天，我奉命到新泽西州巴约恩市卡文角的露天码头。

“我被分配到5号船舱，和5个码头工人一起工作。他们很强壮，但对炸药一无所知。他们在装巨型炸弹，每个炸弹都含有一吨炸药，足以把那艘老爷船炸上天。这些巨型炸弹被两根缆绳放了下来。我一直对自己说：‘假设其中一根缆绳打滑或断了，那可怎么办！天啊！’我害怕死了！我颤抖着，嘴唇发干，膝盖发软，心跳加速。我不能逃跑，否则就是逃兵，我会丢脸，我的父母也会面上无光，我可能还会因为逃跑而被枪毙。我不能跑，我必须留下来。我一直看着那些码头工人随意地摆弄那些炸弹，我感觉这艘船随时可能会爆炸。就这么毛骨悚然地过了一个多小时，我终于冷静下来能用常识去思考了，我对自己说：‘听着！就算你被炸死了，那又怎么样？你反正也没有感觉了！这个死法会很痛快，比癌症强多了。别犯傻了，你不能指望长生不老！你必须做这份工作，否则就会被枪毙，所以你最好还是喜欢上它！’

“我这样自言自语了好几个小时后，开始感到放松了。我强迫自己接受了无法改变的现实，也就克服了我的忧虑和恐惧。

“我永远不会忘记这段经历。现在每当我为一些不可能改变的事情烦恼时，我都会耸耸肩说：‘算了吧。’我发现这很有效，即使对一个饼干推销员也适用。”

说得太好了！让我们为这位勇敢的饼干推销员鼓掌欢呼。

历史上最著名的死亡场景除了耶稣受难，就是苏格拉底之死。我相信，哪怕从现在起再过100万年，人们仍将阅读和欣赏柏拉图对这一场景的不朽描述，它是所有文学作品中最动人、最优美的段落之一。雅典的某些人妒忌并嫉恨着赤脚的老苏格拉底，对他提出了指控，他受审后被判处死刑。当善良的狱卒把毒酒递给苏格拉底时，狱卒说：“避无可避，坦然处之。”苏格拉底做到了，他以一种近乎神性的平静和顺从面对死亡。

“避无可避，坦然处之。”这句话来自公元前399年，然而，在充满忧虑的今天，人类比以往任何时候都更需要这句话。

在过去8年里，我几乎读遍了能找到的所有与消除忧虑相关的书籍和文章。你想知道我在阅读中发现的最好的建议是什么吗？它就在这里，被总结成下面一段话，我们都应该把这段话贴在浴室的镜子上，这样我们每次洗脸时也能洗去心中所有的忧虑。这段话的价值无法估量，它是莱因霍尔德·尼布尔博士写的。

> 求上帝赐予我冷静，
> 接受那些我无法改变的事情；
> 赐予我勇气，改变那些我可以改变的事情；
> 赐予我智慧，分辨两者的不同。

为了消除压力，这里是建议4：

接受现实，调整心态。

5. 为忧虑设置底线，及时止损

你想知道怎么在华尔街赚大钱吗？太多人对这个问题感兴趣了。如果我知道答案，这本书就能卖一万块钱一本。不过，我的确知道一个好方法，成功的经营者都在用它。下面这个故事是一位叫查尔斯·罗伯茨的投资顾问告诉我的。

“我一开始带着朋友给我的两万美元从得克萨斯州来到纽约投资股市，”查尔斯·罗伯茨说，“我以为我很了解股票市场的规则，但我赔得一分不剩。确实，过程中小赚了几笔，但我最终还是输了个精光。

“我并不介意输掉自己的钱，”罗伯茨先生解释道，“但我把朋友的钱输掉了，尽管他们输得起，我还是感觉很糟。我的投资眼光这么差，我无法面对他们。但是，让我吃惊的是，他们不仅对这件事看得很开，而且他们的乐观精神坚不可摧。

“我知道，我对炒股没什么计划性，在很大程度上都依靠运气和其他人的意见，‘一直在股票市场里随机应变’。

“于是我开始反思自己犯的错误，决定在再次入市之前，试着掌握炒股之道。于是我结识了有史以来最成功的投资者伯顿·卡斯尔斯。我相信我可以从他那里学到很多东西，因为他一直以来都有‘常胜将军’的美誉，这样的业绩可不是单靠机会或运气得来的。

“他问了我以前炒股的情况，然后教给了我一条在股票交易中最重要的原则。他说：‘我对每一笔市场投资都设置了底线。比如如果我以每股50美元的价格买入一只股票，我会把底线定在45美元。’这意味着，该股票如果下跌到45美元时，它就会被自动卖出，我就可以将损失限制在5美元以内。

“‘如果你的投资一开始就是明智的，’这位投资大师继续说，‘你的利润将在10个点、25个点，甚至是50个点左右。这样一来，只要把你的损失限制在5元以内，即使你的投资一多半都失误了，你仍可以赚到很多钱。’

“我立即采用了上面这个原则，并一直用到现在，它为我和我的客户节省了大笔资金。

“后来，我意识到底线原则除了能在股票市场上使用，还可以用在其他方面。于是我开始对眼前所有烦恼的事都设置了底线，这个原则真的像魔法一样灵验。

“例如，我经常和一个朋友相约吃午餐，但他很少准时到达，他常在我一个人郁闷地吃了半个小时之后才出现。现在，我终于下决心解决这个问题了。我对他说：‘比尔，我等你的底线是10分钟。如果你迟到10分钟以上，我们的午餐约会就取消，我就走人了。’”

天哪！我多么希望我多年前就有这样的意识——对我的不耐

烦、对我的坏脾气、对我要为自己辩解的欲望、对我的后悔，还有对我所有的精神和情绪的压力设置底线。为什么我过去没有这个基本意识，让我能够理智判断所有破坏我内心平静的状况，并对自己说："你看，戴尔·卡内基，这个情况是不是只值这么多烦恼，多一点儿都不值得？"我以前为什么没这样想呢？

当然，我过去也理智地处理过一件事情，值得自夸一下。那是个严峻的关头，算是我人生的一大危机，让我眼看着自己对未来的梦想和计划破灭，多年的努力付诸东流。事情是这样的，在我30岁出头的时候，我决定以写作为生，成为第二个弗兰克·诺里斯、杰克·伦敦或托马斯·哈代。我是认真的，我在欧洲待了两年，那是在第一次世界大战之后经济大萧条时期，生活成本不高。我花了两年时间在那里写了一本名为《暴风雪》的作品。这个书名恰如其命，因为出版商对它的反应就像掠过原野的暴风雪一样寒冷。当我的文学经纪人告诉我这本书毫无价值，说我没有写小说的天赋和才华时，我的心跳都要停止了。我失魂落魄地离开了他的办公室，当时即使他用棍子打我的头，我也不会更懵。我的脑子转不动了，我意识到，我正站在人生的十字路口，而且必须做出一个重大的决定。我应该做什么？我应该何去何从？

几个星期过去了，我才从迷茫中清醒过来。当时，我从来没有听说过"给你的忧虑设置底线"这种话，但当我现在回头看时，我发现自己就是这么做的。我把我为那部小说付出的两年多的努力当作一次宝贵的经验，然后到此为止，我要踏上新的征程。我重新开始组织、讲授成人教育课程，并在业余时间写传记和非小说类书籍，比如你现在正在读的这本书。

如果你问我对当时那个决定是否满意——岂止满意，现在我每每回想起那个决定，我都激动得想在大街上跳舞！我可以坦白地说，从那时起，我从来没有惋惜过我成不了另一个托马斯·哈代。

100年前的一个晚上，当一只猫头鹰在瓦尔登湖岸边的树林里发出刺耳的尖叫时，亨利·梭罗用他的鹅毛笔蘸着自制的墨水，在日记里写道："一件东西的成本就是你为它付出的生命，有的东西需要你当即交付，有的东西需要你慢慢付出。"

换句话说，当我们为一件东西付出超值代价时，就是愚蠢，因为这是在浪费生命。

然而，这恰恰是英国剧作家吉尔伯特和作曲家沙利文的悲剧所在。他们知道如何创作欢快的文字和音乐，但令人痛心的是，他们却不知如何在生活中制造欢乐。他们创作了欢快的轻歌剧，让整个世界为之欣喜，如《耐心》《皮纳福号军舰》《日本天皇》。可他们无法控制自己的脾气，他们为了一块地毯的价格而苦恼多年！沙利文为剧院订了一块新地毯，当吉尔伯特看到账单时，他大发雷霆。他们闹上法庭，有生之年再也没有交谈过。当沙利文为新剧作曲后，他把乐谱寄给吉尔伯特；而当吉尔伯特填词后，又寄回给沙利文。有一次，他们必须一起谢幕，为了不看到对方，他们站在舞台的两边，向不同的方向鞠躬。他们不够理智，不能像林肯总统那样给怨恨设置底线。

在美国内战期间，有一次，当林肯的朋友痛斥林肯的死敌时，林肯说："你们比我更看重私人恩怨，也许我的不满太少了，但我从不认为它能换来什么。一个人没必要总是在争吵中生活，如果别人停止对我攻击，我就再也不会想起与他之间的过节。”

我希望我的姨妈伊迪丝能像林肯这般宽容，她和弗兰克叔叔住在一个用贷款购买的农场里，那里长着很多苍耳，土质很差。他们的生活很艰难，必须节衣缩食，但伊迪丝姨妈喜欢买一些窗帘和其他小物件来装饰一贫如洗的家。她在密苏里州玛丽维尔的一家干货店赊账买了这些小奢侈品，弗兰克叔叔担心他们的债务问题——那是一个贫困的农民对多余开销的恐惧，所以他悄悄地告诉丹·埃弗罗尔不要给他的妻子赊账。当伊迪丝姨妈听到这个消息时，她大发雷霆，而且在这件事发生近50年后，她还在为此事发脾气。我不止一次听她讲述这件事。我最后一次见她时，她已经七十多岁了。我对她说：“伊迪丝姨妈，弗兰克叔叔伤您自尊是不对的，但您难道不觉得，事情都过去快50年了，您还在抱怨，这不比他对你做得更过分吗？”（我这话说了也是白说。）

伊迪丝姨妈带着怨恨和痛苦的回忆，这让她付出了沉重的代价，她一直得不到内心的宁静。

本杰明·富兰克林儿时犯了一个错误，让他毕生难忘。他七岁时，看中了一个哨子，他太想得到它了，就走进玩具店，把所有的铜板都堆在柜台上，连价钱也不问，就买那个哨子。70年后，他在写给朋友的信中说：“我回到家，在家里吹着那个哨子，感到非常开心。”当哥哥姐姐们发现他为哨子多付了很多钱时，他们笑弯了腰，却把富兰克林气哭了。

多年以后，当富兰克林成为世界知名人士，就任美国驻法国大使时，他仍然记得，他为这只哨子付出了太多钱，他“得到的懊恼比哨子给他带来的快乐更多”。

富兰克林得到的教训其实很简单。“长大后，我步入社会，观察人们的行为，我想我遇到了太多人，都为类似这只哨子的东西付出了太多代价。简而言之，我认为人类的大部分痛苦是由于他们错误地估计了事物的价值，为他们想要的‘哨子’付出了太多代价。”

吉尔伯特和沙利文为他们的‘哨子’付出了太多，伊迪丝姨妈是这样，我在许多场合也是，连大文豪列夫·托尔斯泰也是如此——他创作了世界名著《战争与和平》《安娜·卡列尼娜》。根据《大英百科全书》，列夫·托尔斯泰在生命的最后20年中，“可谓是全世界最令人尊敬的人”。在他去世前的20年，从1890年到1910年，络绎不绝的崇拜者像朝圣一样来到他家，只为窥见他的真容，听到他的声音，摸到他的衣襟。他说的每句话都被记下来，被当作“神的启示”。但是，一旦触及日常生活，托尔斯泰70岁时明白的事理甚至比富兰克林7岁时还少！他完全不明事理。

让我来讲讲托尔斯泰的故事吧。托尔斯泰娶了一个心爱的女孩为妻。他们在一起非常幸福，于是他们向上帝祈祷，祈求他们能白头偕老、相濡以沫。但是，托尔斯泰娶的妻子生性善妒，她经常把自己打扮成一个农妇，监视丈夫的行动，甚至跟踪到森林里。为此他们争吵不断。她的嫉妒心如此强烈，连自己的孩子也不放过，有一次还拿起枪在女儿的照片上打了一个洞；还有一次拿着一瓶鸦片在地上打滚，威胁说要自杀，孩子们吓得蜷缩在房间的角落里，惊恐地尖叫着。

托尔斯泰又是如何处理的呢？算了，我们不能怪他跳起来砸烂家具，毕竟他是被激怒的。但是，他的所作所为远比这更糟糕——他写了一本私人日记！是的，一本日记，他在里面把所有的责任都推给了他的妻子！那就是他的“口哨”！他决心要确保子孙后代都认为他很无辜，让他的妻子承担骂名。那么，他的妻子如何回应呢？当然是把他的日记一页页撕下来烧掉。然后她也开始写日记，并在日记中把托尔斯泰写成恶棍。她甚至写了一本小说《谁的错》，在里面把她的丈夫描绘成一个家里的恶魔，而她自己则是一个悲惨的受害者。

这一切的目的是什么？为什么这两个人要把他们唯一的家变成托尔斯泰所说的“疯人院”？很明显，有几个原因，其中最重要的一个原因是他们太过在意别人的眼光和看法。是的，他们担心的就是后世的人怎么看他们！可是没有人会在乎他们到底哪个人有错！没错，我们都只专注于我们自己的问题，谁会浪费一分钟去想托尔斯泰的家事呢？这两个悲惨的人为他们的“口哨”付出了多大的代价啊！他们在名副其实的“地狱”中生活了 50 年，只因为他们都没有明智地说“停下”，他们没有足够的价值判断力说：“让我们给争吵设置个底线。否则我们就是在挥霍我们的生命。让我们及时止损吧！”

是的，我真诚地相信，获得真正内心宁静的秘诀之一是正确的价值观。而且我也相信，如果我们能制订属于自己的黄金标准，用来衡量什么事情对我们的人生有价值，我们就能消除一半的忧虑。

因此，为了消除压力，这里是**建议 5**：

为忧虑设置底线，及时止损。

每当你被困扰，想消费或为生活付出代价时，请先停下来，问自己以下三个问题：

1. **我担心的这件事对我来说到底有多重要？**
2. **在什么时候我应该设置一个底线，然后忘掉它？**
3. **我愿意为这只“口哨”付出多少代价？我的付出是否已经超过了它的价值？**

6. 不要为打翻的牛奶哭泣

在我写这句话的时候，我正从窗口向外望去，看到花园里有一些嵌在页岩和石头里的恐龙足迹化石。我从耶鲁大学的皮博迪博物馆购买了这些恐龙足迹化石，博物馆馆长来信说这些足迹是 1.8 亿年前的。即使白痴也不会做梦要回到 1.8 亿年前去改变这些足迹，这么做梦其实和杞人忧天一样愚蠢，因为我们无法回到过去，改变哪怕是 180 秒前发生的事——虽然很多人还在试图这么干。我们的确可以尝试弥补 180 秒前发生的事情所造成的影响，但我们绝不可能改变已经发生过的事。

在这个世界上，只有一种方法可以使过去的错误具有价值，那就是冷静地分析错误，总结经验教训，然后忘掉它们。

我知道这个道理，但我是否有勇气有觉知地去做了？为了回答这个问题，我想讲讲我多年前的一次奇妙经历，那次我眼睁睁看着三十多万美元从手里飞走，没有赚到一分钱。事情是这样的：当时，我创办了一个大规模的成人教育企业，在各个城市开设了分支机构，并在管理费用和广告方面花了大价钱。我忙于教学，既没时间也没打算管理财务问题。我太天真了，没有意识到我需要一个精明的业务经理来监督财务状况。

大约一年后，我终于发现了一个让我清醒和震惊的事实——尽管我们收入很多，却没有任何净利润！发现这一点后，我本应该做两件事。

我本该向乔治·华盛顿·卡弗学习，他曾因为银行倒闭损失了四万美元的积蓄。当有人问他是否知道自己已经破产时，他回答说“是的，我听说了”，然后继续教他的书。他把这一损失从脑海中完全抹去，再也没有提及。

或者，我本该做第二件事——分析错误，并吸取教训。

坦率地说，我当时没有做这两件事中的任何一件；相反，我陷入了忧虑的漩涡，一连几个月处于迷茫之中。我整晚失眠，体重下降。我非但没有从这个巨大的错误中吸取教训，反而又犯了同样的错误，只是损失小一些！

对我来说，承认所有这些蠢事是很尴尬的，但我早就发现，“教导别人比身体力行容易得多”。

我多么希望自己能有幸在纽约的乔治·华盛顿高中就读，听听保罗·布兰德温博士的课，艾伦·桑德斯曾是他的学生。

桑德斯先生告诉我，生理课老师布兰德温博士教给他最重要的一课。“我当时只有十几岁，”桑德斯说，“但我已经开始忧虑。我经常为犯下的错误纠结烦恼。每次考试后，我就会躺在床上，咬着自己的指甲，生怕自己没有通过。我总在回顾做过的事情，幻想当初用不同的方式做就好了；我也总在回忆自己说过的话，认为当时说得再漂亮些就好了。

“有一天早上，我们排队进入科学实验室，布兰德温博士就在那里，桌子边上醒目地摆着一瓶牛奶。我们都坐下来，盯着那瓶牛奶，想知道它与老师正要讲的卫生课有什么关系。接着，突然间，布兰德温博士站了起来，把那瓶牛奶哗啦一下子撞翻在水池里，并喊道：‘不要为打翻的牛奶哭泣！’

“然后他让我们站来到水池边，看一看里面的破碎的牛奶瓶。他告诉我们：‘好好看看吧，因为我希望你们一辈子都能记住这节课。牛奶已经没有了，它流进了下水道。世上所有的悔恨和愤怒都收不回一滴牛奶。你若是稍加思索，做点儿预防，这瓶牛奶也许可以保存下来，但现在已经太晚了。我们能做的就是忘掉它，然后继续做下一件事。’”

艾伦·桑德斯告诉我：“今天，我早忘了当年学过的立体几何和拉丁文，却仍记得这个小小的示范。实际上，在我四年的高中生活中，它对我的启发比其他任何知识都多，它让我明白，如果可以的话，千万不要打翻牛奶；但是，一旦打翻了牛奶，它流进了下水道，就把它完全忘记吧。”

有些读者会因为我为“不要为打翻的牛奶哭泣”这句老谚语写了这么多内容而嗤之以鼻，我知道它是老生常谈、陈词滥调，或许你已经听过无数次了。但是，我也知道，这些古老的谚语包含了人类浓缩的智慧精华。它们来自人类的经验，经过无数人传承下来。如果你要阅读古往今来伟大学者所写的所有关于忧虑的文章，那么你永远不会读到比“车到山前必有路”和“不要为打翻的牛奶哭泣”这样古老的谚语更有用或更深刻的道理。只要你能应用这两句谚语，而不是对它们嗤之以鼻，你就根本不需要这本书。其实，如果我们能按大多数古老的谚语行事，我们将过上几乎完美的生活。但是，知识若没有被应用，它就不是力量。本书并非要告诉你一些新的东西，而是让你想起已经知道的知识，激励你通过行动去应用它。

我非常钦佩已故的《费城公报》主编弗雷德·富勒·谢德，他有一种天赋，能以一种新颖的、有画面感的方式陈述古老的真理。他曾在某大学毕业班做演讲，当时他问大家："你们中有多少人曾经锯过木头？请举手。"大多数人举了手。然后他又问道，"你们中有多少人曾经锯过木屑？"没有人举手。

"当然，你不可能锯过木屑！"谢德先生大声说，"因为它已经被锯碎了——过去也是如此。当你开始担心那些已经过去的、做完的事情时，你只不过是在试着锯木屑。"

当棒球界的老将康尼·麦克 81 岁时，我问他是否曾为输掉的比赛烦恼。

"哦，是的，我从前烦恼过，"康尼·麦克告诉我，"但我多年前就克服了这种愚蠢的想法，我发现这对我来说没有任何好处。你不能用已经流走的水磨麦子吧。"

的确，你不能用已经流走的水磨麦子，或者锯木屑，但如果你执着于过去，自我折磨就会在脸上长皱纹，在胃里生溃疡。

去年感恩节，我和杰克·丹普西共进晚餐。他一边吃着火鸡和红莓酱，一边谈起那场把重量级冠军头衔输给了唐尼的比赛，那次对他确实是个很大的打击。他告诉我："在那场比赛中，我突然意识到我已经老了……在第 10 个回合结束时，我还能站起来，但也只能那样了。我的脸被打肿、被打花了，我的眼睛几乎睁不开了……我看到裁判员举起吉恩·唐尼的手表示胜利……我不再是世界冠军了。我艰难地往回走，穿过人群，回到更衣室。当我经过时，两边人头攒动，有些人试着抓我的手，有些人眼含泪水。

“一年后，我和唐尼又打了一场，但是没用，我永远地被淘汰了。我很难不为这一切忧虑，但我对自己说，‘我不会活在过去，也不会为打翻的牛奶哭泣！我将接受这一打击，不让它打倒我！’”

这正是杰克·丹普西所做的。他是怎么做到的？他一遍又一遍地对自己说“我不会担心过去的事情”吗？不是，这样只会使他陷入忧虑之中。他所做的是，接受并承认自己的失败，然后专注于未来的计划——在百老汇经营杰克·丹普西餐厅，在第57街经营大北方酒店，推广有奖比赛和举办拳击展览，他让自己忙于一些有意义的事情，这样他既没有时间，也没有心思为过去的事情忧虑。杰克·丹普西说：“过去10年来，我过得比我当冠军时还要好。”

丹普西先生告诉我，他读的书不多，但他在不知不觉中践行着莎士比亚的建议：“聪明人永远不会坐在那里哀叹自己的损失，而是积极地找到办法，弥补他们的创伤。”

当我阅读历史和传记，并观察处于艰难环境下的伟人时，我经常为他们的能力感到震撼并受到鼓舞——他们能够积极消除忧虑和不幸，继续过着相当幸福的生活。

我曾经探访过新新监狱，最让我吃惊的是，那里的囚犯似乎和外面的普通人一样快乐。我向当时的典狱长路易斯·劳斯说了我的看法，他告诉我，当罪犯刚到新新监狱时，他们很可能会有怨恨和苦闷的情绪，但几个月后，比较聪明的囚犯就会忘掉他们的不幸，安顿下来，平静地接受监狱生活，并充分利用这段时光。劳斯典狱长特别提到一个囚犯，他过去是个园丁，如今他在监狱的围墙内种植蔬菜和花卉，而且会边劳动边唱歌。

这个边种花边唱歌的囚犯对生活有了更多感悟，他知道：

造物主妙笔一挥，
哪管你虔敬聪慧，
也改不了他一句半行；
即使流干了眼泪，
也洗不掉任何一个字眼。

所以，为什么要浪费你的眼泪呢？纵然我们已经犯了愚蠢和荒唐的错误，那又怎样？！谁没犯过错呢？即使是拿破仑，在他打的重要战役中也有1/3失败了。也许我们的成功率并不比拿破仑的低，谁知道呢？

而且，即便动用国王所有的兵马也不能挽回过去的一切了。所以，让我们记住**建议6**：

不要为打翻的牛奶哭泣。

小　结

停止忧虑的良方

- 建议 1　保持忙碌
- 建议 2　不要为琐事烦恼
- 建议 3　切莫杞人忧天
- 建议 4　接受现实，调整心态
- 建议 5　为忧虑设置底线，及时止损
- 建议 6　不要为打翻的牛奶哭泣

人性的优点

PART 4

第四部分
保持平静喜乐的七个妙招

1. 让境随心而转

几年前，我在一个广播节目中回答了这个问题："您一生中所得到的最大教训是什么？"这很容易回答：到目前为止，对我而言，最重要的人生教训是思想的重要性。如果我知道你在想什么，我就能了解你。思想造就了我们，态度决定了命运。爱默生说："人是他自己思想的产物。"他怎么可能表现得与自身思想相悖呢？

我现在确信，我们要处理的最大难题，实际上也算是我们要处理的唯一难题，就是选择正确的思想。如果能做到这一点，我们就会找到解决所有难题的捷径。统治罗马帝国的伟大哲学家马可·奥勒留将其总结为一句可以决定你命运的话："思想决定人生。"

是的，如果我们头脑里有快乐的想法，我们就会快乐；有悲惨的想法，我们就会悲惨；有害怕的想法，我们就会害怕；有病态的想法，我们很可能会生病。如果我们想到失败，我们就一定会失败。如果我们沉湎于自怨自艾，每个人都会对我们避而不及。诺曼·文森特·皮尔说："你不是想法中的那个你，但你的想法决定了你是什么样的人。”

我是否主张以习惯性的、盲目乐观的心态对待我们所有的问题？并不是，因为很可惜，生活并不那么简单。但是，我确实建议，我们采取积极的态度，而非消极的态度应对人生。换句话说，我们需要关注我们面临的难题，但不要为之忧虑。关注和忧虑之间的区别是什么？让我举例说明。每当我穿过纽约拥挤的街道时，我都会关注我自己正在做什么，但非忧虑担心。关注意味着意识到难题是什么，并冷静地采取措施来应对这些难题。忧虑意味着在令人发疯的、徒劳无益的圈子里兜来转去。

一个人既可以关注他的棘手问题，又可以带着快乐的心情昂首阔步，并在西服扣眼里插一支康乃馨。著名记者洛厄尔·托马斯就是这样做的，我曾有幸与托马斯合作，当时他正推出在一战中拍摄的影片《阿拉伯的劳伦斯》。他和助手们深入前线拍摄战争镜头，更重要的是，他们带回了劳伦斯军队的图片记录，以及艾伦比征服圣地的经过。托马斯以“巴勒斯坦的艾伦比和阿拉伯的劳伦斯”为题所做的演讲在伦敦乃至全世界都引起了轰动。伦敦的歌剧节为此推迟了 6 周，让他继续演讲，科文特花园皇家歌剧院也展示了他的照片。在伦敦取得轰动性的成功之后，托马斯在其他国家也成功举办了巡回演讲，后来他花了 2 年时间准备拍摄一部关于印度和阿富汗的纪录片。

不幸的是，厄运却频频降临。托马斯惊讶地发现他破产了。当时我和他在一起，我记得我们只能在一家小餐厅吃便宜的饭菜。如果不是苏格兰著名艺术家詹姆斯·麦克贝借给他钱，我们连这都吃不起。故事的重点在这里：洛厄尔·托马斯即使在面临巨额债务和严重打击的时候，也只是关注所有的难题，并不忧虑。他知道，如果自己被挫败击倒，他的人生将毫无价值。因此，每天早上出发前，他都会买一朵花，插在扣眼里，然后昂首挺胸、步履矫健地走在牛津街上。他心怀积极、乐观的想法，绝不让挫败击垮他。对他来说，挫折只是人生游戏的一部分——如果你要成功，你就必须接受有益的训练。

心态会对我们的身体产生不可思议的影响。著名的英国精神病学家哈德菲尔德在其著作《权力心理学》一书中写道："我请3个人通过测力器测试心理暗示对其体力的影响。"他让受试者用尽全力握紧测力器，并让他们在3组不同的条件下进行测试。

当受试者在清醒状态下测试时，平均握力是101磅（1磅≈0.453千克）。

接着哈德菲尔德对受试者催眠，让他们在催眠状态中认为自己非常虚弱，然后再进行测试，此时他们的平均握力只有29磅，不到正常力量的1/3。（其中一个受试者是一名职业拳击手，当他在催眠状态下被告知他很虚弱时，他说感觉他的手臂就像婴儿手臂那样无力。）

第三次测试时，哈德菲尔德在催眠状态下告诉受试者，他们非常强壮，这时他们的平均握力达到了142磅。这说明当受试者的头脑中充满了积极的想法，觉得自己非常有力量时，他们的实际体能几乎增加了50%。

这正是心理暗示不可忽视的力量。

为了说明思想的神奇魔力，我会讲一个美国历史上最令人震惊的故事。我甚至可以为它写一本书。先简单说一下：美国内战结束后不久，10 月的寒夜，一个无家可归、穷困潦倒的流浪女子，敲开了住在马萨诸塞州埃姆斯伯里的韦伯斯特夫人的门，韦伯斯特夫人是一位退休船长的妻子。

韦伯斯特夫人打开门，看到了一个虚弱的女子，她骨瘦嶙峋，看起来不到 100 磅。这个陌生女人自称“格洛弗夫人”，她解释说，她正在找一个落脚之处可以让她思考并解决一个日夜困扰她的大问题。

“你就留在这里吧，”韦伯斯特夫人说，“这所大房子里只有我一个人。”

若不是韦伯斯特夫人的女婿比尔·埃利斯从纽约回来度假，格洛弗夫人可能还会继续住下去。当埃利斯发现格洛弗夫人时，他大喊道：“我可不会让一个流浪者住进这所房子！”然后他将这个无家可归的女人赶出家门。当时正下着倾盆大雨，格格弗夫人在雨中颤抖着站了几分钟后，绝望地离开，继续寻找住所。

下面就是这个故事中令人震惊的部分了：这个被比尔·埃利斯赶出家门的“流浪者”注定要对人类的思想产生巨大的影响，她就是玛丽·贝克·艾迪，基督教科学会的创始人。

然而，在此之前，她的生活中只有疾病、困苦和不幸。她的第一任丈夫与她结婚后不久就去世了；她的第二任丈夫抛弃了她，与一个已婚女人私奔了，后来死在了济贫院。她只有一个儿子，但由于贫穷与疾病，她被迫在孩子四岁的时候将他送了人，从此音讯全无，31 年后才母子重逢。

由于身体不好，玛丽多年来一直对“心灵治疗科学”感兴趣，但她人生中的戏剧性转折发生在马萨诸塞州的林恩市。在一个寒冷的冬日，她走在市中心，滑倒在冰冷的人行道上，摔得不省人事。她的脊柱严重受伤，且伴有痉挛抽搐，医生认为她命不久矣，即使有奇迹发生，她也无法再下地走路。

玛丽·贝克·艾迪躺在床上，无意间翻开了圣经。后来她说，在神的指引下，她读到了圣马太的一段话。

> 有人带着一个瘫子来见耶稣……耶稣……或对瘫子说，你的罪被赦免了，或说，起来拿你的褥子走吧……那人就起来，立刻拿着褥子，当众人面出去了。

她说，耶稣的这些话让她产生了一种力量、一种信心、一种突发的治愈能力，让她“立刻拿着褥子，当众人面出去了”。

玛丽说：“那次经历，就像在牛顿面前掉下来的苹果一样，让我找到了如何疗愈自己，以及如何疗愈他人的方法。我确信，境由心生，一切都源自思想。”

就这样，玛丽·贝克·艾迪开创了基督教科学会，这是有史以来唯一由女性开创的宗教。

看到这里，你可能会说：“卡内基是在招我们加入基督教科学会呢。”不，你错了，我不是一个基督教科学会教徒。但是，随着年龄增长，我就越发深信思想的巨大力量。从事成人教育35年的经历让我知道，每个人都能消除压力、恐惧和各种疾病，并能通过改变思想来改变生活。这是千真万确的！我已经看到过太多这样不可思议的转变了。由于我经常看到这种不可思议的转变，所以我不再感到惊讶了。

这种转变也发生在我的学生弗兰克威利身上。他一度忧虑过度，精神崩溃。他告诉我："我什么都担心，我担心我太瘦了，我正在掉头发，我担心我永远攒不到足够的钱娶妻生子，我担心我不会成为一个好父亲，我担心失去心爱的女孩，我担心过不上好日子，我担心给别人留下的印象不好，我担心自己得了胃溃疡。我无法再工作，不得不辞职。我内心的压力越来越大，就像一个没有安全阀的锅炉。这种压力让我难以忍受，就快承受不住了，终于有一天不堪负荷，砰的一声爆炸了。如果你从来没有崩溃过，就祈祷上帝永远别让你经历它，因为身体上的任何痛苦都比不上心灵的痛苦，那是人间最严酷的刑罚。

"我的精神状态非常糟糕，我甚至无法与家人交谈。我无法控制自己的思想，我充满了恐惧，哪怕听到最轻微的声音都会跳起来。我躲开所有人，常常无缘无故地大哭起来。

"每一天对我来说都是痛苦的，我觉得自己被所有人抛弃了，包括上帝。我真想跳进河里，结束这一切。

"于是，我决定去佛罗里达州旅行，希望换个环境能有所帮助。当我踏上火车时，父亲递给我一封信，告诉我到达目的地之前不要打开。当时正值佛罗里达的旅游旺季，旅馆爆满，我就租了一个车库入住。我想在迈阿密的一艘货船上找份工作，但没成功，只好在海滩上消磨时间。我在佛罗里达的日子比在家里更痛苦，我想起了父亲的信，我打开信封，看到他写道，'儿子，你现在离家1 500英里，但你没有感觉到任何不同，是吗？我知道你是这样，因为你带着一件东西，它是你所有麻烦的根源，它就是你自己。你的身体和你的大脑都没有问题，使你痛苦的是你对周围环境的态度和想法。心随境转，境随心动。当你意识到这一点时，孩子，回家吧，因为你会好起来的’。

“父亲的信让我很生气，我要的是同情，而不是教导。当时我决定永远不回家。那天晚上，当我走在迈阿密的一条小街上时，我路过一个教堂，里面正在举行礼拜。由于无处可去，我便不由自主地走了进去，听了一场布道，内容是‘征服自己精神世界的人比夺取一座城池的人更强大’。坐在神圣的教学中，听着和父亲所言相同的教诲，我大脑中积累的负面情绪突然一扫而空。我有生以来第一次清楚地、理智地进行了思考，我意识到自己多么愚蠢。我震惊地发现了真相——我一直妄想改变整个世界和每一个人，但唯一需要改变的其实是我的思想。

“第二天早上，我收拾好行李，启程回家。一周后，我回到了工作岗位上。4 个月后，我与我一直害怕失去的那个女孩结了婚。我们现在有一个幸福的家庭，5 个孩子。命运对我不薄。之前精神崩溃时，我只是一个小部门的夜班领班，手下有 18 个人。现在我是纸箱制造部门的主管，管理 450 名员工。我的生活更加充实、更加圆满。我现在真正理解了生命的意义。当忧虑再次悄悄到来时（就像它会在每个人的生活中出现一样），我会告诉自己，调整自己的心态，一切都会好起来。

“我可以坦率地说，我很高兴我有过这样的经历，因为我发现了思想对一个人的大脑和健康的影响有多大。现在，我可以让思想为我工作，而非与我为敌。我现在明白了，我父亲是对的，所有的痛苦不是外在的情况导致，而是我对这些境遇的想法造成的。一旦意识到这一点，我就痊愈了，而且一直保持着健康的状态。”

以上就是这位学生的经历。

我深信，内心的平静和快乐并不取决于我们在哪里，我们拥有什么，或者我们是谁，而是完全取决于我们的心态，与外在的条件关系不大。让我们来看看约翰·布朗，他因夺取美国在哈珀费里的军火库，并想煽动奴隶造反而被判绞刑。在去绞刑架的路上，他身边的狱卒紧张不安，但约翰·布朗却沉着冷静。他坐在棺木上，仰望弗吉尼亚州的蓝岭山脉，感叹道："多么美丽的国家啊！我以前从来没机会好好看看它。"

罗伯特·福尔肯·斯科特和他的同伴是第一批到达南极的英国人，他们回程的经历可能是人类有史以来最残酷的旅程。当时，他们没有食物，也没有燃料。呼啸的暴风雪在地球边缘肆虐了 11 个昼夜。风是那样猛烈和尖锐，在极地冰面上划出了一道道棱线。斯科特和同伴们深知大限将至，他们带了一些备用鸦片，就是为了应对这种紧急情况。一旦吞下大量的鸦片，他们就可以从此沉睡，不再醒来。但是，他们没去碰鸦片，而是唱着响亮欢快的歌曲迎接死亡。我们之所以知道他们是这样超然赴死，是因为 8 个月后，搜救队发现了他们冰冷的尸体和一封诀别信。

是的，如果我们充满勇气，内心保持冷静，即使是坐在棺木上去往刑场，也能欣赏沿途的风景；即使我们饥寒交迫，面临死亡，也能用"响亮欢快的歌曲"驱走悲伤，慷慨赴死。

300 年前，失明的弥尔顿发现了同样的真理：

心灵，是它自己的殿堂，

它可成为地狱中的天堂，

也可成为天堂中的地狱。

拿破仑和海伦·凯勒完美地证明了这句话。拿破仑拥有常人渴望的一切——荣耀、权力、财富，但他在圣海伦娜岛说：“我一生中快乐的日子从来没有超过六天。”集盲、聋、哑于一身的作家海伦·凯勒（著有《假如给我三天光明》）却说：“我发现生活是如此美丽。”

如果说五十多年的生活教会了我什么，那就是，除了你自己，没有什么能给你带来平静。

我想重复一下爱默生在其著作《自立》中所说的话：“政治获胜，收入上涨，病人康复，老友重逢，或其他一些乐事，都能让你精神振奋，觉得前程大好。千万不要这样想，这不可能发生。除了你自己，没有任何东西能给你带来平静。”

伟大的斯多葛派哲学家爱比克泰德告诫世人，我们应该更关心如何清除错误，而非清除“身体上的肿瘤和脓疮”。

以上是爱比克泰德在 1 900 年前说的，现代医学也同样支持他的观点。坎比·罗宾逊博士说，约翰·霍普金斯医院有 4/5 的病人患有与情绪紧张和压力有关的疾病，即使是患有器官功能障碍的病人也是如此，他说：“最终，致病原因都可以追溯到病人无法适应生活及生活中出现的各种问题上。”

法国伟大的哲学家蒙田将这句话作为他一生的座右铭：“对人造成伤害的可能不是情绪本身，而是他对待事情的态度。”我们对所发生的事情的看法，完全取决于我们自己。

这是什么意思呢？当你被烦恼打倒，你的神经像伸出来的电线，无数线头交缠在一起时，我能否厚着脸皮告诉你，在这种情况下，你可以凭借意志力去改变自己的心态？是的，正是如此。我还要告诉你如何做到这一点。这可能需要你付出一点儿努力，但这个秘诀很简单。

威廉·詹姆斯在实用心理学知识方面颇具声望，他曾经发表过这样的观点："行动似乎是紧随感觉走的，但实际上行动和感觉是并行的；通过调节更受意志直接控制的行动，我们可以间接地调节不受意志直接控制的感受。"

换句话说，威廉·詹姆斯告诉我们，我们不能仅凭"下定决心"立即改变自己的情绪，但我们可以改变自己的行动。当改变行动时，我们的感觉也会随之改变。

"因此，"他解释说，"如果你不快乐，就假装开心地挺直腰杆，言行举止中都充满快乐，这才是让自己愉快起来的方法。"

这个简单的方法有用吗？你可以试试。在你脸上露出一个大大的、真诚的笑容，挺起胸膛，好好做一次深呼吸，然后唱几句歌。如果你不会唱歌，就吹口哨，如果你不会吹口哨，就哼唱。

你很快就会发现，威廉·詹姆斯是对的——当你表现出神采飞扬的样子时，你的身体就不可能持续保持忧虑或抑郁的状态！

这是一个人性的基本真理，可以轻易地在所有人的生活中创造奇迹。我认识加州的一个女人，我就不提她的名字了。如果她知道这个秘诀，她就可以在24小时内消除所有痛苦。她老了，而且是个寡妇，这的确很悲惨，但她有努力表现得快乐吗？没有。如果你问她感觉如何，她会说："哦，我很好。"但是，她脸上的表情和说话中的抱怨却表现出："上帝呀，如果你知道我经历的麻烦事就好了！"她似乎责备你在她面前表现出快乐。事实上，有成百上千的女性比她更惨。她的丈夫给她留下了保险，足够她这辈子用；她的孩子都结婚了，她可以和他们一起住，但我很少看到她的笑容。她抱怨三个女婿都很吝啬和自私，尽管她常常在他们家一住就好几个月。她还抱怨女儿从来不给她礼物，自己却"为了晚年"不花一分钱。她毁了自己，也给家庭带来了不幸！她一定要这样做吗？大可不必！如果她想改变的话，她可以把自己从一个悲惨的、痛苦的、不快乐的老太太变成受人尊敬和爱戴的长辈。要实现这种转变，她需要表现得开心起来，可以将爱分享给周围的人，而不是把生命全都浪费在自己的不快乐和痛苦之中。

印第安纳州的恩格勒特住在泰尔市第1335大街。因为他发现了这个秘诀，所以他的生命得到了延长。10年前，恩格勒特先生得了猩红热，康复后，他又得了肾炎。他看了多位医生，甚至"江湖郎中"，但谁也没有治好他的病。

不久前，他又得了一种并发症，导致他的血压飙升。医生告诉他，他的血压达到了214毫米汞柱，这是能要命的，而且这种情况还会持续恶化，他最好马上安排好后事。

他说："我回家了，确保我的保险费都交清了，然后为我犯过的所有错误忏悔。我静心沉思，心情忧郁。

"我让所有人都不开心，我的妻子和家人都很痛苦，我深陷抑郁中。然而，自怨自怜一周后，我对自己说，'你就像个傻瓜！你也许一年内都不会死，所以为什么不趁着还活着的时候开心一

些呢？’

“我挺起胸膛，展开笑容，竭力表现得一切正常。我承认，一开始这么做是需要努力的，但我强迫自己开心，这不仅帮助了我的家人，也帮助了我。

“第一个好处就是，我感觉好起来了，几乎和我假装出来的一样好！这种改善一直持续着。今天，我本该已经躺在坟墓里几个月了，但现在我不仅快乐、健康地活着，血压也下降了！有一点是肯定的，如果我继续想着自己‘快要死了’，医生的预言肯定会实现。我给了身体一个自我治愈的机会，并没有借助其他事物，只是改变了心态！”

让我问你一个问题：仅是表现得愉快、健康和勇敢，就能挽救生命，那么我们为什么还要在微不足道的忧闷和抑郁里多忍耐一分钟呢？既然只需表现得愉快就可以营造出幸福感，为什么还要让自己和周围的人不开心呢？

几年前，我读过詹姆斯·艾伦写的一本书《人如其所思》，它对我的人生产生了持久而深刻的影响。书里面写道：

“当一个人改变了对事物和他人的想法时，他会发现一切也会随之改变。一旦彻底改变想法，他就会惊讶地发现这样将给他的生活带来快速的转变。一个人无法吸引他想要的东西，只能吸引与他一致的东西。决定人生的神就在我们自己身上，它就是我们的思想……一个人所拥有的一切，都是他自己思想的直接产物。我们只有通过提升思维才能崛起、征服和实现。如果他拒绝提升思想，他将会陷入软弱、绝望和悲惨。”

《创世纪》中说，造物主让人类掌管整个地球。这可是一个莫大的恩赐，但我对任何此类特权都不感兴趣，我只渴望对自己的支配权，掌控我的思想、我的恐惧、我的头脑和精神。奇妙的是，我知道我能行使的这种支配权多得惊人，任何时候都可以，我只需要控制我的行动，反过来就能自如地控制我的反应。

所以，让我们记住威廉·詹姆斯的这句话："许多我们称之为'邪恶'的东西……往往可以转化为一种振奋人心的'良善'——只要把内心的恐惧转变为奋斗的力量。"

让我们为幸福而奋斗吧！

让我们每天都完成一个计划，以愉快的、有意义的思维指导我们为幸福而奋斗。下面是由已故的西贝尔·帕特利奇拟定的计划，名为"只为今日"。这个方案非常鼓舞人心，我已经把它送给了几百个人。如果你能照此行动，就会消除大部分忧虑，并大大提升幸福指数。

只为今日

今天我要很快乐，亚伯拉罕·林肯说："大多数人都可以决定自己有多快乐。"快乐源于人的内心，它并非外来物。

只为今日，我将尝试调整自己来适应现状，而非想调整一切以满足自己的欲望。我将以这种态度接受我的家庭、我的事业和我的命运，并使自己适应它们。

只为今日，我将照顾好我的身体。我将锻炼它，照顾它，滋养它，不虐待它，也不忽视它，使它成为我心灵的殿堂。

只为今日，我将努力提升我的思想。我将学习有用的知识，我不要成为一个精神上的懒汉。我将阅读一些需要努力、思考和专注的图书。

只为今日，我将以两种方式锻炼我的灵魂：默默地做一件好事；至少做两件我不想做的事，就像威廉·詹姆斯建议的那样，只是为了锻炼自己。

只为今日，我将和蔼可亲。尽可能保持良好的形象，尽可能穿着得体，低声说话，行为有礼，不吝赞美；绝不批评，也不找茬，不尝试调教任何人。

只为今日，我将努力过好今天，而非企图解决人生的所有难题。我只能工作12个小时，如果让我连续工作，无休无止，我就会感到恐惧。

只为今日，我将制订一个计划。我将写下每小时要做的事情。我可能不会完全照做，这个计划能帮我消灭两个“害虫”：匆忙和优柔寡断。

只为今日，我将留出半小时的私人时间，安静、放松下来。在这半小时里，我有时会想到上帝，从更多角度来看待我的生活。

只为今日，我将不再恐惧，我将不再惧怕快乐，我要享受美好，去爱，相信我爱的人也爱我。

若要拥有平静喜乐的心境，请记住**建议1**：

让境随心转。

2. 用宽恕与爱化解仇怨

多年前的一个晚上，当我在黄石公园旅行时，我和其他游客坐在观景台上，面对茂密的松树和云杉，等待可怕的灰熊出现。突然一只灰熊大步走到灯光下，开始吞吃从公园一家旅馆的厨房里倒出来的垃圾。护林员马丁代尔少校坐在马背上，与兴奋的游客们谈论着这些熊。他告诉我们，除了水牛和卡迪亚克棕熊之外，灰熊可以轻松打败其他任何动物。然而我注意到，那天晚上，灰熊还和一只臭鼬一起走出森林，在灯光下和它一起吃东西。灰熊知道，它用大爪子一巴掌就能把臭鼬消灭掉，可它为什么没这么干呢？因为它从多年的经验中得知，这样做对它没好处。

这一点我也发现了。因为我是在农场长大的，在密苏里州的灌木丛里诱捕过四条腿的臭鼬。成年后，我在纽约的人行道上也遇到过一些两条腿的“臭鼬”。这些经验让我痛心疾首，我知道招惹这两种“臭鼬”都得不偿失。

当我们憎恨敌人时，我们就是在把支配权交给他们：让他们支配我们的睡眠、我们的食欲、我们的血压、我们的健康和我们的幸福。如果我们的敌人知道他们让我们如此担心、如此疲惫、如此痛苦，他们一定会高兴得手舞足蹈！我们的仇恨无法伤害他们，反而把我们自己的生活变成了人间地狱。

想想这句话是谁说的："如果自私的人想利用你，你可以把他们从你的名册上画掉，千万不要尝试报复。当你尝试报复时，你对自己的伤害远胜过对对方的伤害。"这些话听起来像是天真的理想主义者所说，其实不然——这些话出自密尔沃基市警察局发布的一份公告。

尝试报复在许多方面都会伤害到自己。《生活》杂志报道，报复心理甚至会损害你的健康。"高血压患者的主要人格特征是易怨恨。长期心怀怨恨，慢性高血压和心脏问题就会随之而来。"

所以你要明白，耶稣所说的"爱你的仇敌"，不仅是明智的道德训诫，也印证了现代的医学观点。耶稣说"宽恕七十个七次"，就是在告诉我们如何避免患上高血压、心脏病、胃溃疡和许多其他疾病。

我有一个朋友最近心脏病严重发作。医生让她卧床休息，告诉她无论发生什么都不许生气。是的，如果你有一颗脆弱的心脏，那么发怒能要了你的命。几年前，华盛顿州斯波坎市的一位餐馆老板因愤怒而死。我这里有一封来自市警察局局长杰里·斯瓦图特的信，信中说："几年前，68 岁的咖啡馆老板威廉·法尔卡伯，因为厨师坚持用茶碟喝咖啡而大发雷霆，他非常气愤，抓起一把左轮手枪去追赶厨师，结果因心脏病发作而猝死，当时他的手里还握着枪。验尸报告表明，正是愤怒导致他心力衰竭。"

当耶稣说“爱你的仇敌”时，他也在告诉我们如何改善自己的外表。我认识一些女性，她们的面容因怨恨布满皱纹，变得僵硬，简直像被毁了容。世界上所有的美容方法对她们容貌的改善都不如这个方法的一半有用：拥有一颗充满宽恕、温柔和爱的心。

仇恨甚至破坏了我们享受美食的能力。《圣经》中是这样说的：“吃素菜彼此相爱，强过吃肥牛彼此相恨。”

如果仇敌知道我们对他们的仇恨让我们筋疲力尽、疲惫紧张、容貌毁坏，甚至患上心脏病，缩短我们的生命，他们会不会高兴地拍手称快？

即使我们无法爱我们的仇敌，至少要爱自己。深爱自己，不让仇敌控制我们的幸福、健康和容颜。正如莎士比亚所说：

> 仇恨的怒火，
> 将烧伤你自己。

当耶稣说我们应该原谅仇敌“七十个七次”时，他也在宣扬与人相处之道。例如，我有一封来自瑞典乌普萨拉市的乔治·罗纳的信。乔治·罗纳在维也纳从事律师工作多年。二战期间，他逃到了瑞典。他身无分文，迫切需要工作。由于他精通好几门语言，希望能在进出口公司做通信文员。多数公司回复说，由于战争他们不需要通信业务，但他们会把他的申请存档。然而，其中有家公司给乔治·罗纳写信说：“你完全不了解我们的业务，你又蠢又笨。我不需要通信文员，即使需要，我也不会雇用你，因为你连瑞典语都写不好，你的信上错误连篇。”

当乔治·罗纳读到这封信时，他气疯了：这个瑞典人是什么意思？说他连瑞典语都写不好？天哪，这个瑞典人自己写的回信也满是错误啊！于是乔治·罗纳又给他写了一封信，想回敬下这个人。写完后他停了下来，对自己说：“等一下，我怎么知道他说的对不对？我学过瑞典语，但它毕竟不是我的母语，所以我确实可能犯了自己没有意识到的错误。如果真是这样，而我又想找到一份工作，我当然要更加努力学习。这个人可能帮了我一个忙，尽管他并不想帮我。虽然他用令人不快的言辞表达了自己的观点，但我还是欠他一个人情。因此，我应该给他回信，感谢他。”

于是，乔治·罗纳撕掉了已经写好的那封措辞激烈的信，又重新写了一封：“您真是好人，抽空给我回信，尤其是在贵公司并不需要通信文员的时候。我很抱歉对贵公司有误解，我给您写信是因为我之前做调查时，有人说贵公司是这个领域的佼佼者。我不知道我的信中有语法错误，我很抱歉，并感到羞愧。现在，我将更努力地学习瑞典语，并努力改正我的错误。我要感谢您帮助我不断自我完善。”

没过几天，乔治·罗纳就收到了这个人的回信，请罗纳前去见他。罗纳去了，并且得到了这份工作。乔治·罗纳发现：“温和的回答能使怒气消退。”

我们可能不能像圣人一样爱我们的仇敌，但是，为了自己的健康和幸福，我们至少要学着原谅他人，忘记仇恨，这才是明智之举。孔子也说过：“不念旧恶，怨是用希。”我曾经问过艾森豪威尔将军的儿子约翰，他的父亲是否会怒火中烧，怨恨别人。“没有，”他回答说，“父亲从不为他不喜欢的人浪费一分钟时间。”

有句老话说：不会生气的人是傻瓜，不愿生气的人是智者。

纽约前市长威廉·盖纳就是一位智者。他曾被媒体严厉谴责，又被一个疯子拿枪击中，几乎丧命。当他躺在医院里，生命垂危时，他说：“每天晚上，我都会原谅一切，原谅所有人。”

这是不是太理想化、太仁慈了？如果是这样，让我们听听伟大的德国哲学家叔本华的观点。他认为，生活是一场徒劳且痛苦的冒险。他的人生中充满了忧郁，然而，在绝望的深处，叔本华呐喊道：“如果可能，不应对任何人产生敌意。”

伯纳德·巴鲁克作为心腹顾问，辅佐过6位美国总统：威尔逊、哈丁、柯立芝、胡佛、罗斯福和杜鲁门。我曾问过他是否因为政敌的攻击而感到烦恼。“没有人能羞辱或困扰我，”他回答，“我不会让他们得逞。”

同样也没有人能羞辱或困扰你，除非你让他们得逞。

> 棍棒和石头可以打断我的骨头。
> 但言语永远无法伤害到我。

古往今来，所有人都致敬那些从不对敌人怀恨在心的圣人。我经常去加拿大贾斯珀国家公园，凝视西方最美丽的山峰。这座山是为了纪念英国护士伊迪丝·卡维尔而命名的，1915年10月12日，卡维尔像圣徒一样在德国行刑队面前从容赴死。她的罪行是什么？她在比利时的家中藏匿了受伤的法国和英国士兵，为他们提供食物和护理，并协助他们逃到荷兰。那个10月的早晨，当一位英国牧师进入布鲁塞尔军事监狱的牢房，为她做临终祷告时，伊迪丝·卡维尔说了两句名言，这两句话后来被镌刻在纪念碑上："我意识到，仅有爱国主义是不够的。我还必须放下对其他人的仇恨或愤怒。"4年后，她的遗体被运回英国，人们在威斯敏斯特教堂举行了追悼会。我曾在伦敦待过一年，当时我经常站在国家肖像馆对面的伊迪丝·卡维尔雕像前，默读刻在花岗岩上的不朽名言："我意识到，仅有爱国主义是不够的。我还必须放下对其他人的仇恨或愤怒。"

要想宽恕和忘记仇敌，一个可靠的方法就是投身某项伟大的事业。这样遇到的侮辱和敌意就不再重要，因为除了事业，你对其他一切都将视而不见。1918年，在密西西比州的松树林中，发生了一个戏剧性的事件：一位名叫劳伦斯·琼斯的黑人教师兼传教士即将被处以私刑。几年前，我参观了劳伦斯·琼斯创办的松林乡村学校，并给那里的学生演讲。这所学校今天已经闻名全美，但我要讲述的事件发生在一战期间，人们群情激奋的那些日子。当时，一个谣言传遍了密西西比州中部，说德国人正在煽动黑人造反。即将被处以私刑的劳伦斯·琼斯就是位黑人，他被指控参与煽动其种族进行叛乱。一群白人男子在教堂外听到劳伦斯·琼斯对公众大声呐喊："生活是一场战斗，每个黑人都必须穿上盔甲，为生存和荣耀而战！"

"战斗！""盔甲！"这些证据足够了！这帮群情激奋的年轻人在夜里狂奔，纠集了一伙暴民，回到教堂，用绳子套住这位黑人传教士，把他拖到一英里外，让他站在一堆柴草上并从下面点燃，准备把他同时处以绞刑和火刑。这时有人喊道："在这个孩子被烧死之前，让他说话，说啊！说啊！"劳伦斯·琼斯站在柴草堆上，脖子上套着绳索，为他的生命和事业辩护。他于1907年从艾奥瓦大学毕业，他品学兼优、才华出众，在学生和教师中深受欢迎。毕业时，他拒绝了一个酒店老板为他提供的职位，还拒绝了一个有钱人资助他继续做音乐教育。为什么呢？因为他有一个远大的理想。当他读到布克·华盛顿的传记故事时，他受到启发，决心献身于教育事业，帮助贫穷的、不识字的族人。于是，他来到美国南方最落后的地区——密西西比州杰克逊市以南25英里的小镇。他把手表当了1.65美元，在树林里的空地上用一个树桩当桌子，开办了他的学校。劳伦斯·琼斯向这些准备对他施以私刑的人讲述了他如何将这些没上过学的孩子培养成优秀的农民、机械师、厨师和管家。他感谢帮助他办学的白人，他们给了他土地、木材、猪、牛和钱，支持他的教育事业。

有人问劳伦斯·琼斯恨不恨那些将他置于死地的人？他回答，他忙于教育事业，没有时间去怨恨——他只专注于这项崇高的任务。"我没有时间争吵，"他说，"也没有时间后悔，没有人可以强迫我去怨恨。"

当劳伦斯·琼斯用真诚为他的事业恳求时，暴民们开始软化了。最后，人群中一位曾参加内战的老兵说："我相信这个小子说的是实话，我认识他提到的那些白人。他正在做一件好事，我们犯了一个错误，我们应该帮助他，而不是绞死他。"这位南方老兵摘下帽子在人群中为琼斯筹集了52.4美元。

爱比克泰德在1 900年前就指出，我们种下什么就收获什么，而且命运总会让我们为自己的恶行付出代价。爱比克泰德说："从长远来看，每个人都将为自己的错误行为付出代价。牢记这一点的人将不会对任何人生气、愤慨，不会谩骂、责怪任何人，也不会冒犯、憎恨任何人。"

在美国历史上，大概没有任何人比林肯受到过更多的谴责、憎恨和陷害。然而，经典的赫恩登版林肯传记记载，林肯"从不以自己的好恶来判断他人。如果要按计划开展行动，他知道他的敌人可以和其他人做得一样好。如果有个人诽谤过他，未曾善待过他，却是最适合这项任务的人，林肯也会马上派他执行这项任务，就像对待朋友一样。他从没有因为某人是他的敌人，或者不被他喜欢而将其免职"。

林肯曾经让一些谴责和侮辱过他的人担任要职，这些人包括麦克莱伦、西华德、斯坦顿和蔡斯。他的法律顾问赫顿回忆，林肯认为"任何人都不该因其成就而被一味赞美，也不该因其挫败而被说长道短，因为我们所有人都像孩子一样被条件、境遇、环境、教育、后天的习惯和遗传基因共同塑造，这一切造就了他的现在和未来"。

也许林肯是对的。如果你拥有和了敌人同样的身体、心理和情感特征，如果生活对你的影响和对他的影响一样，那么你的行为就会和你的敌人完全一样。所以，让我们有足够的慈悲，正如克拉伦斯·达罗所说："了解一个人就会理解他的所作所为，就不会对他肆意评价和谴责。"与其恨我们的敌人，不如怜悯他们，感谢上天没有让我们成为他们的样子。与其对我们的敌人进行谴责和报复，不如把我们的理解、同情、帮助、宽恕和祈祷送给他们。

我就是在这样的家庭中长大的，我和家人每晚都会读《圣经》，并跪下来做“家庭祈祷”。今天，我依稀听到父亲在密苏里州的农舍里诵读经文。只要人类珍惜自己的理想，这些话就会一直被反复诵读。“要爱你的敌人，善待恨你的人！诅咒你的，要为他祝福！凌辱你的，要为他祷告！”

我父亲一生努力践行这些教诲，他内心的平静，是历代君王求而不得的。

要想拥有平静喜乐的心境，请记住建议 2：

用宽恕与爱化解仇怨。

永远不要对敌人心存报复，如果你这样做，你对自己的伤害将远远超过对敌人的伤害。让我们像艾森豪威尔将军那样，永远不要为自己不喜欢的人浪费一分钟时间。

3. 快乐就是不计回报地付出

最近，我在得克萨斯州遇到了一个怒火中烧的商人。有人告诉我，他认识别人不到 15 分钟就会抱怨个不停。果然，他抱怨的那件事发生在 11 个月以前，但他现在仍然耿耿于怀，他只要一开口就会谈论这件事：他给 34 名员工发放了 1 万美元的圣诞奖金，每人大约 300 美元，但没有一个人表示感谢。“我真后悔，”他痛苦地抱怨道，“我一分钱也不应该给他们！”

孔子说过：“小人长戚戚。”一个愤怒的人浑身是毒，我真的可怜他。他当时大约 60 岁，根据人寿保险公司统计，我们的剩余寿命略高于 80 岁和当下年龄之差的 2/3。所以，如果这个人幸运的话，可能还有十四五年的寿命。然而，他已经为一件往事在痛苦和怨恨中浪费了余生中宝贵的一年，所以我可怜他。

如果他没有一味沉浸在怨恨和自怜中，他可以问问自己为什么没有得到任何人的感谢。也许他平时给员工的工资太低，工作又太多；也许员工认为圣诞奖金不是礼物，而是他们自己挣的；也许这个人为人非常挑剔且难以接近，搞得没有员工敢于或愿意感谢他；也许员工觉得他发奖金是为了避税……

另一方面，也许员工们真的是自私的、刻薄的、没有礼貌的。也许是这样，也许是那样，我不比你们知道得更多，但我知道塞缪尔·约翰逊博士说过："感恩是一种美德，你不会在粗俗的人身上看到它。"

我想说的是，人的天性使人期望他人感恩，但人的天性又使人不知感恩。

如果你救了一个人的命，你会期望他感恩吗？你可能会。塞缪尔·莱博维茨在成为法官之前是著名的刑事律师，他救过 78 个人的性命，使他们免于被送上电椅！你猜这些人中有多少人当面感谢过塞缪尔·莱博维茨，或者给他寄过一张圣诞贺卡？你猜对了，没有一个人这么做过。

根据《路加福音》记载，耶稣曾在一个下午治愈了 10 个麻风病人，但这些麻风病人中又有多少人停下来感谢过他呢？只有一个。当耶稣转过身来问他的门徒："治愈了的不是 10 个人吗？那 9 个在哪里？"才发现他们都跑掉了，消失了，没有一句感谢！那么让我问你，凭什么我们，或这个得克萨斯州的商人，期望别人对我们的小恩小惠表示的感谢比耶稣得到的感谢还多呢？

当涉及钱时，就更别指望感恩了。查尔斯·施瓦布告诉我，他曾救过一个银行出纳员，此人用银行公款炒股。施瓦布自己出钱帮他逃过一劫。这个出纳员感恩了吗？哦，是的，就那么一小会儿。然后，他就开始反戈相向，谩骂、谴责一个让他免受牢狱之灾的人！

假设你送给一个亲戚 100 万美元，你会期望他感恩吗？钢铁大王安德鲁·卡耐基在去世前赠予一位亲戚100万美元，但是，如果安德鲁·卡耐基死而复生，他一定会震惊地发现这位亲戚在诅咒他！为什么呢？因为卡耐基给公共慈善机构捐了3.65亿美元，用这个亲戚的话说："你用100万小钱就把我打发了。"

事情就是这样的，人的本性一直如此，很可能在你的有生之年也不会改变。那么，你为什么不接受现实呢？你为什么不像马可·奥勒留那样现实地看待它呢？他可是曾经统治罗马帝国的智者。有一天，他在日记中写道："我今天要去见那些饶舌之人，那些自私、自负、不知感恩的人。但是，我不会感到惊讶或不安，因为我无法想象一个没有这种人存在的世界。"他的话很有道理，不是吗？如果你走到哪里都在埋怨别人不知感恩，又该怪谁呢？你要责怪人的本性，还是我们对人性的无知？让我们不要期望别人感恩。这样，如果我们偶尔得到一些感恩，那将会是一个惊喜；如果我们没有得到，也不会感到难过。

以下是我想在本章中提出的第一点：我们的本性就是不懂感恩，所以，如果你总期望别人感恩，就只会让自己更加难受。

我在纽约认识一个女人，她总是在抱怨，因为她很孤独，没有一个亲人愿意接近她。其实这也难怪。如果你去看她，她会向你抱怨几个小时，说侄女们还小的时候，她为她们做了什么：她们得麻疹、流行性腮腺炎和百日咳时，是她在照顾她们；她让她们在自己家寄宿了好几年；她资助其中一个侄女上了商学院，她还继续收留另一个侄女，直到她结婚。

侄女们会回来看她吗？是的，她们会时不时出于责任而来。但她们又怕回来看她，因为她们一回来就不得不坐在那里听她话里有话的怪罪、无休止的痛苦抱怨和自怜的叹息。当这个女人再也不能用其他方法强迫侄女们来见她时，她还有一个“法宝”——说自己心脏病发作了。

心脏病发作是真的吗？是的。医生说她有一颗“紧张的心脏”，常有心悸。医生也表示对此无能为力，她的病症是情绪上的。

这个女人真正想要的是爱和关注，但她称其为“感恩”。她要求侄女回来看她，对她表示感恩，她认为这是她应得的，但讽刺的是，她永远不会得到感恩或爱。

世上有成千上万像她这样孤独的人，因为被辜负、被忽视而患病。他们渴望被爱，但在这个世界上，被爱的唯一方法就是停止索取爱，并且不求回报地付出爱。

上面的提法听起来似乎是空洞的、不切实际的、虚幻的、理想主义的，其实不然。这是一个普通常识，一个让我们找到幸福的良方。我知道，因为我的父母就是很好的例子。当时我家很穷，父母被债务压得喘不过气来。尽管如此，我的父母总会想办法每年寄钱给一个孤儿院——艾奥瓦州康索布拉夫斯市的基督之家。我父母从未去过那家孤儿院，除了收到孤儿院的回信，他们没有收到过任何谢礼，但他们得到了更加丰厚的回报——他们因帮助孩子们而得到快乐，并且从未期望得到任何感恩及报答。

离家后，我总会在圣诞节给父母寄张支票，希望他们给自己买点儿好东西，但他们很少这样做。当我在圣诞节前夕回家时，父亲会告诉我，他们为镇上的某个寡妇买了煤和杂货，她有很多孩子，却没有钱买食物和煤。他们从帮助别人中得到了多大的快乐啊——不求任何回报、纯粹的给予的快乐!

我认为父亲几乎就是亚里士多德描述的理想的人——最值得拥有幸福的人。亚里士多德常说:“理想的人乐于帮助他人。但让别人帮他的忙,他就会感到羞愧,因为给予善意是一种优越的标志,而接受它则是自卑的标志。”

以下是我想在本章中提出的第二点:如果我们想要拥有幸福,就不要期待别人感恩,我们只为内心的快乐而付出就好。

千百年来,为人父母者都在为子女不知感恩而痛心。莎士比亚笔下的李尔王也曾呐喊:“不知感恩的子女比毒蛇的利齿更痛噬人心!”

但是,为什么孩子天生就该懂得感恩呢?只有我们悉心教育,他们才能学会感恩。不知感恩是人的天性,就像野草般丛生;感恩则如玫瑰,必须被精心照料、浇灌、施肥、关爱和保护。

如果我们的孩子不懂得感恩,该怪谁呢?也许该怪我们自己。如果父母从来没有教过他们如何向他人表达感恩之情,又怎么能期待孩子对自己心存感恩呢?

我认识一个芝加哥人,他经常抱怨继子们不知感恩。他在一家纸箱厂做苦工,每周的收入不超过40美元。他娶了一个寡妇,借钱送寡妇的2个儿子上大学。他每周40美元的工资不仅要花在食物、房租、燃料和衣服上,还得支付各种费用。他辛苦了4年,像个劳工一样工作,而且从不抱怨。

他有没有得到任何感谢?没有。他的妻子认为这一切都是理所当然的,她的儿子们也是如此。他们从未想过他们自己亏欠继父,甚至连声“谢谢”都没有说过。

这该怪谁呢？孩子们？确实，但更应该怪的是他们的母亲——她认为让孩子们年纪轻轻就担负起“责任感”是一种耻辱，她不希望儿子们“从小就背着人情债”。所以她从没想过要对孩子们说：“你们的继父是个多好的人啊，资助你们读完大学！”相反，她采取了这样的态度：“哦，这是他应该做的。”

她以为自己让儿子少受了点儿苦，但实际上她却使孩子们滋长了一个危险的想法——这个世界欠他们好的生活。这种想法确实危险，因为其中一个儿子企图从老板那里“借钱”，结果被送进了监狱。

我们必须记住，孩子的思想在很大程度上是受父母影响的。在这方面，我的姨妈维奥拉·亚历山大是一个楷模，她从来没有抱怨过孩子们“不知感恩”。在我小时候，维奥拉姨妈把她的母亲接到家里来照顾，她对丈夫的母亲也一样。我闭上眼睛，仍然可以忆起那两位老太太坐在维奥拉姨妈的农舍火炉前的情景。她们给维奥拉姨妈带来“麻烦”了吗？我猜应该很多，但我从姨妈对她们的态度上永远看不出来。她爱两位老人，宠着她们，让她们有家的感觉。此外，维奥拉姨妈自己还有六个孩子，但她不认为自己在做什么特别高尚的事情，也不认为把两位老人带到家里照顾就值得任何赞扬。对她来说，这是自然的，是正确的，也是她想做的。

维奥拉姨妈现在在哪里？嗯，她现在已经守寡 20 多年了，有 5 个已长大成人的孩子，他们都组建了自己的家庭，但都争着要和她一起生活，把她接到他们家！她的孩子们都很爱她，从不嫌弃她。这是出于“感恩”？当然不是！这是出于爱，纯粹的爱。

这些孩子们自童年起就一直沐浴在爱的阳光下，现在他们长大了，母亲需要被照顾，轮到他们回馈爱，这有什么可奇怪的？

所以，让我们记住，若要培养感恩的孩子，父母就必须拥有感恩之心。让我们记住，“说者无意，听者有心”，要以身作则。举例说明，不要当着孩子的面贬低别人的善意，永远不要说：“看看你表姐圣诞节送来的这些洗碗布，这是她自己织的，没花一分钱！”我们可能不会把这些话记在心里，但孩子们也在听，他们将从我们身上学习。所以你最好这样说：“看看表姐花了多少时间为圣诞节准备这些东西！她是不是很好？让我们现在就给她写几句感谢的话吧。”这样一来，孩子们就会在不经意间养成赞美和感恩的习惯。

为了避免因他人不知感恩而产生怨恨和忧虑，以下是建议 3：

快乐就是不计回报地付出。

1. **不要为他人是否感恩而忧虑，请记住，耶稣在一天内治愈了 10 个麻风病人，只有一个人感谢了他。所以，为什么我们要期待比耶稣得到更多的感恩呢？**
2. **请谨记，寻求快乐的唯一途径是不期待他人感恩，付出仅为享受给予的快乐。**
3. **请谨记，感恩是一种需要培养的品德，希望儿女们感恩，就必须用言行教育他们成为感恩的人。**

4. 感恩已拥有的一切

我认识哈罗德·阿博特好多年了，他住在密苏里州韦伯城，曾是我的课程经理。有一天，我和他在堪萨斯城见面，然后他开车送我到我密苏里州贝尔顿的农场。路上，我问他是怎样做到不忧虑的，他讲了一个鼓舞人心的故事，我至今难忘。

他说："我以前经常忧虑。但是，在1934年春的一天，我走在韦伯城的西多尔蒂街上，看到了一个景象，然后我所有的忧虑都一扫而空。这个过程只有10秒钟，但这10秒内我学到的知识比我过去10年学到的还要多。那两年，我经营着一家杂货店，由于经营不善，我不仅赔掉了所有的积蓄，还欠了一大笔债，7年左右才能还清。我关了杂货店，准备去银行借钱，好去堪萨斯城再找份工作。

"我垂头丧气地走着，失去了所有的斗志和信心。这时，我突然看到一个没有腿的人，他坐在一个小木台上，上面装着旱冰鞋的轮子，两只手各拿着一块木头，推着自己在街上行动。我见到他时，他刚刚穿过街道，正准备把自己抬上马路牙子登上人行道。当他把小木台倾斜到一个角度时，我们的目光相遇了。他带着灿烂的笑容向我打招呼，‘早上好，先生。这真是一个美好的早晨！’他精神饱满地说道。当我站在那里看着他时，我突然意识到自己多么富有——我有两条腿，我可以自由行走。我为我的自怜感到羞愧。我对自己说，如果这个没有腿的人都能快乐、开朗、自信，那我作为一个四肢健全的人更应如此。我挺直了胸膛，我本来只打算向银行借 100 美元，但现在我有勇气借 200 美元了。我本想说，我要去堪萨斯城尝试找份工作，但现在我自信地对自己说，我要去堪萨斯城得到一份工作。最后，我拿到了贷款，也找到了工作。

“我把下面的话贴在浴室的镜子上，每天早上刮胡子的时候我都会读。

> 我感到忧郁，因为我没有鞋，
> 直到我在大街上遇到一个人，他连脚都没有。”

我曾经问过埃迪·里肯巴克，当他和同伴们在太平洋上迷失了方向，在救生艇上无望地漂流了 21 天后，他从中获得的最大教训是什么。他说：“我从那次经历中获得的最大教训是，如果你有吃有喝，就不应抱怨任何事。”

《时代周刊》曾刊登了一篇文章：有一名在瓜达尔卡纳尔岛受伤的中士，他被弹片击中喉咙，已经输了 7 次血。他给医生写了一张纸条问：“我还能活吗？”医生回答说：“能。”他又写了一张纸条问：“我还能说话吗？”答案又是肯定的。然后他写道：

“那我到底在担心什么？”

所以，你为什么不马上停下来问问自己：“我到底在担心什么？”你可能会发现，你担心的事根本就是不重要的、微不足道的。

在我们的生活中，有90%的事情是正确的，有10%的事情是错误的。如果想获得幸福，你只需把注意力集中在那90%正确的事情上，忽略那10%错误的事。反之，如果你想满是愁苦，患上胃溃疡，那你只需把注意力集中在10%错误的事情上。

英国克伦威尔的教堂里都刻有“思考和感谢”这两个词，我们也应该把它们刻在心里。“思考和感恩”，想想值得我们感恩的一切，并感谢上帝赐予我们的一切恩惠。

《格列佛游记》的作者乔纳森·斯威夫特是英国文学史上最著名的悲观主义者。他觉得自己不应该来到世上，甚至每年生日都会穿上黑色的衣服并禁食一天。然而，在绝望中，这位英国文学界的超级悲观主义者肯定了开朗和快乐的心态对健康的巨大作用。他宣称：“世上最好的医生，是‘节食医生’‘安静医生’和‘快乐医生’。”

我们每时每刻都可以得到“快乐医生”的免费服务，只要我们把注意力集中在我们已拥有的不可思议的财富上，这些财富远远超过传说中阿里巴巴的宝藏。你会为了10亿美元卖掉你的双眼吗？你会拿什么来换你的两条腿？你的手？你的听力？你的孩子？你的家庭？看看你拥有的一切，你会发现，把洛克菲勒家族、福特家族和摩根家族积累的所有黄金加起来给你，你也不会与之交换。

我们可曾为这一切感恩？没有。正如叔本华所说："我们很少想到我们所拥有的，却总是想到我们所缺乏的。"是的，这种倾向是人间最大的悲剧，它造成的苦难可能比历史上所有的战争和疾病还要多。

它使约翰·帕尔默"从一个普通人变成了一个爱发牢骚的老头"，并几乎家破人亡。他是这样告诉我的。

帕尔默先生住在新泽西州帕特森市第19大道30号。"我退伍后不久，"他说，"就开始做生意。我日夜不停地努力工作，生意很顺利。然后我的麻烦开始了，我没能及时拿到零件和材料，我担心前功尽弃。我非常担心，忧虑让我变成了一个牢骚鬼，我变得闷闷不乐，容易发怒。我当时并没有发现，但我现在意识到，我几乎失去了幸福的家庭。有一天，手下一个年轻的残疾退伍军人说：'约翰，你应该为自己感到羞愧，你把自己当作世界上唯一有麻烦的人。就算你真的要关店一段时间，那又怎样？当情况变好时，你还可以重新开始。你已经拥有很多东西了，你应该感恩，可你总在抱怨。伙计，我多么希望我能像你！看看我，我只有一只手，半边脸被毁容了，但我没有抱怨。如果你再不停止发牢骚和抱怨，你不仅将失去生意，还有你的健康、你的家庭和你的朋友！'

"那番话让我如梦初醒，我意识到我的生活是多么美好。我当时就下定决心，要改变自己，做回原来的自己——我做到了。"

我的朋友卢赛尔·布雷克在经历过心脏病的洗礼后，学会了感恩自己所拥有的一切，而不是为自己所没有的东西忧虑。

多年前我就认识卢赛尔，当时我们都在哥伦比亚大学新闻学院学习短篇小说写作。几年前，她遭受了人生的重大打击。当时她住在亚利桑那州的图森市。下面是她告诉我的故事。

“我一直忙个不停，我在亚利桑那大学学习风琴，在城里主持演讲培训班，还在沙漠柳树牧场教音乐欣赏课。我参加各种聚会、舞会，在星空下骑马。突然一天早上，我病倒了，我的心脏出问题了！医生说：‘你需要在床上静养一年。’他并没有更多地安慰我，我不知道自己是否能康复。

“在床上躺一年！变成一个废人，甚至会死！我被吓坏了！为什么这一切要发生在我身上？我做了什么才会遭到这样的报应？我痛哭流涕，哀号不止。我很痛苦，也很不甘，但我还是按照医生的建议躺在床上。我的邻居、艺术家鲁道夫先生对我说：‘你现在认为在床上躺一年是个悲剧，但这一年中你将有时间思考，并了解你自己。在接下来的几个月里，你在精神上得到的成长会远超过去。’于是，我冷静下来，并努力培养新的价值观。

“我开始阅读励志的书籍。有一天，我听到广播上说：‘一个人只能表达自己意识中的东西。’我以前听过很多次这样的话，直到现在它们才在我心里扎下了根。我决心只想那些快乐和健康的念头。我强迫自己每天早上一醒来就回想所有在生活中值得感恩的事情，我四肢健全，有一个可爱的女儿、收音机里有美妙的音乐，我的眼能看，我的耳能听，我有阅读的时间，有好吃的食物，有好朋友。我非常开朗，访客特别多，医生不得不挂出一个牌子，说每次只允许一个访客来探望我，而且只能在特定时间来。

“从那时起，9 年过去了，我现在过着充实、精彩的生活。我为在床上度过的那一年深深感恩，那是我在亚利桑那州度过的最有价值和最快乐的一年。我至今仍然保留着当时养成的每天早上盘点自己幸福的习惯，它是我拥有的最宝贵的财富。说来惭愧，直到担心自己会死时我才真正学会生活。”

亲爱的卢赛尔 · 布雷克，你可能没有意识到，你已学到了塞缪尔 · 约翰逊博士 200 年前得到的人生经验。他说：“能养成习惯看每件事情最好的一面，真是千金不换的珍宝。”

请注意，这些话并非出自一个乐观主义者之口，塞缪尔经历了 20 年心焦如焚、饥寒交迫的生活，最终成为当时最杰出的作家之一，也是有史以来最著名的沟通家。

洛根 · 皮尔索尔 · 史密斯曾说：“人生有两大目标，一是得到想要的东西，二是享受得到的东西。只有聪明的人才能实现第二个目标。”

你想知道如何把洗碗变成一种刺激的体验吗？如果你想知道，请看看博格希尔德 · 达尔写的《我想看》。

达尔失明了近半个世纪，她写道：“我只有一只眼睛，眼睛上还布满密密麻麻的疤痕，我不得不通过左眼角的一个小缝来看东西。读书时，我只能把书贴近脸颊，一只眼睛拼命往左看，才能看到。”

她拒绝被他人同情，拒绝被视为“与众不同”。小时候，她想和其他孩子一起玩跳房子的游戏，但她看不到地上画的线。因此，在其他孩子回家后，她趴在地上，用一只眼睛靠近标记，一路爬过去。她记住了她和朋友们玩耍的每一寸土地，并很快成为跑步类游戏的专家。她在家里看书，拿着一本大字印刷版，由于离眼睛太近，睫毛都扫过书页。通过这种阅读方式，最终她获得了两个大学学位——明尼苏达大学的文学学士学位和哥伦比亚大学的文学硕士学位。

毕业后她在明尼苏达州双子谷的小村庄教书，之后通过努力成为南达科他州苏福尔斯的奥古斯塔纳学院新闻和文学教授。她在那里教了 13 年书，为妇女俱乐部讲课，并在电台里做图书讲座。她写道："在我的脑海中，一直潜伏着一种对完全失明的恐惧。为了克服这种恐惧，我对生活采取了一种开朗的、近乎搞笑的态度。"

1943 年，当她 52 岁时，奇迹发生了：她在著名的梅奥诊所做了手术，视力水平提高了 40 倍。

一个崭新的、令人兴奋的世界在她面前展开。她发现即使在厨房的水池里洗碗也令她惊喜。她写道："我开始玩洗碗盆里白色蓬松的泡沫，我将双手浸入其中，捧起一团小肥皂泡，我把它们举起来，对着灯光，在每一个气泡中都能看到小小彩虹绚丽的色彩。"

从厨房水池上方的窗户向外望去，她看到麻雀拍打着灰黑色的翅膀，飞过飘落的大雪。

她看着肥皂泡和麻雀，欣喜若狂，在书的结尾写道："'亲爱的主，'我轻声说，'我们在天上的父，我感谢你，感谢你'。"

想象一下，这是一种怎样的心情，只因为能看到气泡中的彩虹和在雪中飞翔的麻雀而感谢上帝！

我们应该感到羞愧，我们一直生活在美丽的仙境中，但我们却视而不见，不知珍惜，从未享受。

如果想停止忧虑，开创人生，这里是**建议 4**：

感恩已拥有的一切。

5. 做独一无二的自己

北卡罗来纳州芒特艾里山的伊迪丝·奥尔雷德在信中写道："小时候，我非常敏感害羞。我太胖，我的脸看起来总是肥嘟嘟的。我的母亲很古板，她认为穿漂亮衣服是肤浅愚蠢的行为，她总是说'宽松的衣服耐穿，太紧容易扯破'，并按这个标准打扮我。我从来没参加过聚会，也从来没参加过任何娱乐活动。上学后，我从来没有和其他孩子一起参加过户外活动，连体育活动都没参加过。我有一种病态的羞怯，觉得自己和别人'不一样'，完全不受欢迎。

"长大以后，我嫁给了一个比我大几岁的男人，但我的羞怯并没有改变。我的婆家是一个有风度且自信的家庭，他们的一切都是我希望有的样子。我尽一切努力想成为他们那样的人，但我做不到。他们尝试帮我改变，却只会让我躲得更深。我变得紧张暴躁，避开所有的朋友。我变得如此糟糕，甚至害怕门铃响。我是个失败者，而且担心被丈夫发现。因此，每当在公共场合，我都假装很快乐，却表现得有些过火。一旦我知道我表现得太过火了之后就会痛苦好几天。最后，我变得非常不快乐，甚至找不到生活的意义。我开始有了自杀的想法。”

是什么改变了这个不快乐的女人的人生？只是她婆婆随口说的一句话！

“婆婆随口说的一句话，”奥尔雷德夫人继续说，“改变了我的整个人生。有一天，婆婆谈到她如何抚养她的孩子，她说：‘无论发生什么事，我总是坚持让他们做自己。’‘坚持做自己’——这句话就是关键！那一瞬间，我意识到我把所有痛苦都加到了自己身上，因为我一直在按照一个与我的本性不一致的模式生活。

“我一夜之间改变了！我开始做回自己。我试着研究自己的个性，找到自己的优势，我学习了所有关于服饰颜色和风格搭配的知识，按适合自己的方式穿着打扮。我主动结交朋友，并加入了一个小社团，每次上台发言，我都很紧张。但我的勇气也会增加一点儿。日积月累，我今天拥有的幸福超乎想象。在教育孩子时，我告诉会他们，痛苦的经历能让我们吸取教训，那就是，无论发生什么，永远做你自己！”

詹姆斯·戈登·吉尔基博士说：“‘做自己’这个难题像历史一样古老，也像人生一样宽泛。”否定自己是导致许多精神类、心理类疾病的潜在原因之一。安杰洛·帕特里已经写了13本书，并发表了数千篇关于儿童教育的文章，他说：“没有人比那些渴望成为别人，而非活在自己的身体和心灵之中的人更痛苦了。”

渴望变成并非自己的他人，这种想法在好莱坞尤其突出。好莱坞著名导演山姆·伍德说让他最头痛的正是这个问题：如何让那些有抱负的年轻演员做自己。他们都想成为二流的拉娜·特纳，或三流的克拉克·盖勃。“观众已经看够了，”山姆·伍德一直告诉他们，“现在他们想要看点儿别的。”

在伍德执导《再见，奇士先生》和《丧钟为谁而鸣》等影片之前，他已在房地产行业工作多年，练就了推销员的思维。他认为，商界规则也适用于电影界，模仿永远不会超越。“以我的经验，”山姆·伍德说，“最稳妥的策略就是尽快放弃那些只会模仿别人的人。”

我最近向一家石油公司的人力主管保罗·博因顿请教，人们在应聘时犯的最大错误是什么。他最有发言权，因为他已经面试了六万多名求职者，还写了一本书《求职六招》。他回答说：“人们在应聘时犯的最大错误就是没有诚实地做自己。他们没有放松下来，不能坦诚相待，总试着给出他们认为你想要的答案。”但这种方法并不奏效，因为没有人想要一个骗子，就像从来没人想要假币一样。

一位电车售票员的女儿在经历挫折后才明白了这个道理。她渴望成为一名歌手，但她对自己的长相没有信心：她有一张大嘴和突出的龅牙。她第一次登台表演是在新泽西的一家夜总会，她努力用上唇遮住牙齿，尽量表现得“迷人”一点儿。结果呢？她显得很滑稽，这场演唱以失败收尾。

幸运的是，当时台下有一个人听到了这个女孩的歌声，认为她很有天赋。他直截了当地说：“我一直在看你的表演，也知道你在费劲隐藏什么——你不喜欢你的牙齿。”女孩很尴尬，但那人继续说，“那又怎样？龅牙有罪吗？不要故意隐藏！张开你的嘴，当观众看到你并不害羞时，他们就会喜欢上你。另外，”他精明地说，“你努力隐藏的牙齿有可能会让你发大财！”

卡斯·戴利接受了他的建议，不再顾及自己牙齿。从那时起，她只想着她的观众，她张开嘴，激情四溢地唱着、享受着，很快她成了电影和电台的顶级明星，其他喜剧演员还在努力模仿她呢！

著名的心理学家威廉·詹姆斯在谈到那些从未找到自我的人时说，一般人只开发了其心理潜能的10%，他写道：“与我们应该成为的样子相比，我们只清醒了一半，我们只利用了我们身体和精神资源的一小部分。广义地说，人类个体远未达到自己潜能的极限，我们拥有各种各样的能力，却不习惯使用这些能力。”

每个人都有独一无二的天赋，所以别浪费时间去担心自己和别人不一样。你就是世间的唯一，从古至今，从来没有人和你一模一样；在未来，也不会有人和你一模一样。遗传学告诉我们，你之所以是这样，主要是由于你的父亲母亲提供的23对染色体。它们构成了你的一切。阿姆兰·谢恩菲尔德说，每条染色体中可能有“几十到几百上万个基因，一个基因就能改变一个人的一生。”的确，生命本身就是不可思议的奇迹。

即使你父母相遇并结合后，生出你的概率只有300万亿分之一！换句话说，即使你有300万亿个兄弟姐妹，他们都与你不同。这些都是猜测吗？不，这是科学事实。如果你想了解更多，可以读读阿姆兰·谢恩菲尔德写的《你和遗传》。

我也同意每个人都需要“做自己”，因为我对此感触颇深。我为此经历过痛苦，付出过高昂的代价。当年，我从密苏里州的玉米地来到纽约，到美国戏剧艺术学院学习，渴望成为一名演员。我想到了一个自认为聪明的想法，一个通向成功的捷径，这个想法如此简单易行，简直万无一失，我不明白为什么成千上万的有志之士还没有发现它。我的想法是这样的：我将研究著名演员的成功经验，如约翰·德鲁、沃尔特·汉普顿和奥蒂斯·斯金纳。然后,我将模仿他们每个人的优点，集所有人之大成于一身。这个想法是多么愚蠢、多么荒唐啊！我浪费了几年生命才醒悟过来，我必须做我自己，我不可能成为其他任何人。

按理说，“一朝被蛇咬，十年怕井绳”，可我太笨了，没吸取教训，又经历了同样的悲剧。几年后，我开始写一本关于商务人士演讲的书。这时，我又产生一个同样愚蠢的想法：我打算借用其他作家的观点，把它们都放在一本书里，这将是一本无所不包的书。于是我买了几十本关于演讲的书，花了一年时间把他们的观点整合到我的手稿里。最后，我再次意识到，我又在干蠢事，我这本观点大杂烩是那么造作、那么乏味，没有一个商务人会抽出时间看。所以我只能把这一年的心血扔进废纸篓，重新开始。

这一次我对自己说：“你必须做回自己，接受自己所有的缺点和局限，你不可能成为其他任何人。”于是，我不再尝试做其他人的组合，我卷起袖子，做了本该做的事：根据自己的经验和观察，从一名演讲者和演讲教师的角度，写一本关于演讲的教科书。我终于学到了沃尔特·罗利爵士的经验教训。(我说的不是那个把大衣扔进泥巴里为女王垫脚的沃尔特爵士，而是 1904 年在牛津大学任英语文学教授的沃尔特·罗利爵士。)“我写不出一本与莎士比亚比肩的书，”他说，“但我写得出一本我能写的书。”

做你自己——这是欧文·柏林给已故的乔治·格什温的明智忠告。当柏林和格什温第一次见面时，柏林已经很有名，而格什温只是一个每周只挣35美元的年轻作曲家。柏林被格什温的能力所打动，有意让格什温做他的音乐秘书，薪水涨三倍。但是，柏林却又说："不要接受这份工作，如果你接受了，你可能会成为一个二流的柏林。但是，如果你坚持做自己，总有一天你会成为一流的格什温。"

格什温听从了这一劝告，后来成为当代美国最著名的作曲家之一。

查理·卓别林、威尔·罗杰斯、玛丽·玛格丽特·麦克布莱德、吉恩·奥特里和其他无数人都经历过我在本章中强调的经验教训，他们也都为此付出了痛苦的代价，就像我一样。

查理·卓别林刚开始拍电影时，导演坚持要卓别林模仿当时德国的一位著名喜剧演员。直到查理·卓别林按自己的风格表演后，他才成名。鲍勃·霍普也有过类似的经历，他在歌舞表演中尝试了好几年，直到他开始讲单口笑话，发挥了自己的特长，才一炮走红。威尔·罗杰斯曾多年在表演杂耍时一言不发，直到他发现自己独特的幽默天赋——边转绳子边搞笑，才一举成名。

当玛丽·玛格丽特·麦克布莱德第一次在电台表演时，她试图模仿一名爱尔兰喜剧演员，但失败了。后来她开始做回自己——一个来自密苏里州的普通乡下女孩，从此成为纽约最受欢迎的电台明星之一。

当吉恩·奥特里努力改变他的得克萨斯口音，打扮成城市男孩的模样，并称自己来自纽约时，人们都在背地里笑话他。但是，当他弹起班卓琴，演唱牛仔民谣时，吉恩·奥特里的职业生涯终于真正开始，他成了世界上最受欢迎的牛仔。

你就是这个世界上的唯一，你该为此感到高兴，充分利用自己的天赋。归根结底，所有艺术都是自传性的：你只能唱出你的本色，你只能画出你的特质，你的经历、你的环境和你的遗传基因造就了独一无二的你。

无论好坏，你都必须亲手打造自己的花园，在生活中演奏自己的乐器。

爱默生在他的短文《自助》中说过："一个人总有一天会明白嫉妒是无用的，而模仿无异于自杀。因为不论好坏，人只有自己可以帮助自己更好，只有耕种自己的田地，才能得到营养的玉米。上天赋予你的能力是独一无二的，只有你自己努力发掘，才知道这份能力到底是什么。"

以上是爱默生的观点，下面是已故诗人道格拉斯·马洛克的看法。

如果你不能成为山顶上的一棵松树，
就做山谷里的一丛灌木，
但要做溪边最好的灌木；
如果你不能成为一棵树，就做一丛灌木。
如果你不能成为灌木，就做一根青草，
让公路多一点儿快乐；
如果你不能成为大梭鱼，那就做一条鲈鱼吧——
但要做湖中最活泼的鲈鱼！

我们不能都做船长，需要有人当船员，

这里有适合我们所有人的事情。

有大事要做，有小活儿要干——

而我们必须完成的任务就在手边。

如果你不能成为一条公路，那就做一条小路，

如果你不能成为太阳，就做一颗星星；

成败不在于大小，

只在于你是否已竭尽所能。

为了拥有内心的平静，消除忧虑的心情，这里是**建议 5**：

做独一无二的自己。

6. 把酸柠檬做成美味的柠檬汁

在写这本书时，我曾去拜访芝加哥大学校长罗伯特·梅纳德·哈钦斯，问他是如何做到不忧虑的。他回答说："我一直努力遵循已故的西尔斯罗巴克公司总裁朱利叶斯·罗森沃尔德给我的建议："你手上如果只有一个酸柠檬，就做杯美味的柠檬汁吧！"

这是一位伟大的教育家的做法，但患者所做的恰恰相反——一旦他发现生活给了他一个柠檬，他就会自暴自弃说："算了，这就是命，我没有机会了。"然后他就会咒骂这个世界，在自怨自艾中沉沦。但是，当智者拿到一个柠檬时，他会说："我可以从失败中吸取什么教训？怎样才能改善我的处境？怎样才能把这个柠檬变成一杯柠檬汁？"

伟大的心理学家阿尔弗雷德·阿德勒尽其一生研究人类的潜能。他认为，人类最奇怪的特征之一就是"具有反败为胜的力量"。

下面这个有趣且励志的故事里，主人公是一位名叫塞尔玛·汤普森的女士，她说：“战争期间，我丈夫被派驻到新墨西哥州莫哈韦沙漠附近的一个陆军训练营。为了离他近些，我也搬到那里生活。我很讨厌那里，我从来没在那种地方居住过。我丈夫奉命在莫哈韦沙漠进行演习，我单独留在一个小棚子里，天气热得让人难以忍受。周围没有一个人可以和我交谈，风呼呼地吹，所有食物和呼吸的空气中都充满了沙子！

“我感到我过得无比悲惨、无比难过，我写信给父母，告诉他们我受不了了，要回家。我一分钟都忍不下去了，我宁愿在监狱里待着！父亲在回信中只写了两句话，这两句话深深铭刻在我的脑海中，从此彻底改变了我的生活。

两个人由铁窗往外望，
一人看到满地的泥泞，
另一人却看到满天的星辰。

“我一遍又一遍地读着这两句话，我为自己感到羞愧。我下定决心，要找出当下生活中的亮点，找到满天繁星。

“我和当地人交上了朋友，他们的友好与慷慨让我吃惊。当我对他们的编织手艺和陶器表现出兴趣时，他们便给我送来了他们最喜欢的物件，以前他们可是舍不得把这些东西卖给游客的。我开始研究仙人掌、刺叶玉兰、约书亚树、土拨鼠，观看沙漠的日落，还找到了几百万年前的贝壳化石。

“是什么给我带来了这种惊人的变化？莫哈韦沙漠并没有改变，印第安人也没有改变，是我变了。我改变了我的心态，把这个悲惨的经历转变为生命中最激动人心的冒险。这个新世界让我感到激动和兴奋，让我欣喜万分，于是我专门写了一本小说《明亮的壁垒》……我曾画地为牢，自筑藩篱，直至抬头望见窗外的繁星。”

在塞尔玛·汤普森身上，你能看到希腊人在公元前500年就发现的真理：“最好的事情是最困难的。”

哈利·爱默生·福斯迪克重新解读了这一真理，他说：“幸福的来源不在于享乐，而在于胜利。”是的，胜利来自取得成就，战胜困难，把柠檬变成柠檬汁。

我曾经拜访过佛罗里达州一个快乐的农民，他甚至把毒柠檬也做成了柠檬汁。他刚买下这个农场时，感到很沮丧——这片土壤质量非常糟糕，既不能种水果也不能养猪。除了矮栎和响尾蛇，没有其他生物能在那里生存。然后他有了新的想法，他要变废为宝：充分利用这些响尾蛇。让所有人惊讶的是，他将响尾蛇肉做成了罐头。几年前，当我拜访他时，他的响尾蛇农场每年能吸引多达两万名游客。他的生意兴隆，我看到他将蛇毒送到实验室，用来制造抗毒血清；我看到响尾蛇皮被卖出高价，用来制造女鞋和手袋；我看到响尾蛇肉罐头被发往世界各地。我买了一张此地的风景明信片，并把它从村里的邮局寄出。对了，为了向这位把毒柠檬变成美味的柠檬汁的人表达敬意，这个村子已经改名为“佛罗里达州响尾蛇村”。

当我在各地旅行时，我有幸见到许多人都展示出“反败为胜的力量”。

已故的威廉·博莱索著有《逆天的冒险》，他是这样说的：

"人生中最重要的事不是利用你所得到的，傻瓜都能做到这一点。真正重要的事是从失败中获益，这需要智慧，也显示出人的上智下愚。"

博莱索在一次铁路事故中失去一条腿之后，说了这些话。我还认识一个人，他失去了双腿，却在逆境中重生，活得同样精彩，他的名字叫本·福特森，我是在佐治亚州亚特兰大一家酒店的电梯里遇到他的。当时，我注意到这个看起来很开朗的人，坐在电梯一角的轮椅上。当电梯停在他所在的楼层时，他面带笑容地问我是否可以让开一下，方便他推轮椅，他说："抱歉给你添麻烦了。"说话时，他的笑容使我感觉温暖、真诚。

当我走出电梯，回到房间时，我满脑子都想着这个开朗的残疾人，于是我找到他，请他给我讲讲他的故事。

"事情发生在1929年，"他笑着告诉我，"我出去砍了一捆山核桃树枝，用来给我花园里的豆子打桩。我把木头杆子装上福特车，准备回家。突然，一根杆子滑到了车底，车子急转弯的时候卡住了转向器。紧接着车子冲出路边越过堤坝，把我甩出去，我撞到了一棵树上。我的脊柱受伤了，双腿也因此瘫痪了。

"当时我才24岁，此后我再也没能站起来。"

24岁就注定要在轮椅上度过余生！我问他是怎么鼓起勇气接受现实的，他说："一开始我并没做到。"他曾杞人忧天，对命运感到愤怒。但随着时间的推移，他发现除了痛苦，抱怨并没有给他带来任何好处。他说："我终于意识到，大家对我都很友善，所以我至少也要对他们和善有礼。"

我问他，这么多年过去了，他是否仍然觉得那次意外是可怕的不幸，他马上说："没有。这个意外的发生让我收获良多。"他告诉我，在他克服了最初的震惊和怨恨后，他发现了一个全然不同的世界。他开始阅读，培养了对优秀文学作品的兴趣。他说14年里，他至少读了1 400本书，这些书为他开辟了新的视野，他的生活更加丰富了。他开始欣赏音乐，以前让他厌烦的交响乐，现在交响乐却能让他兴奋起来。但最大的变化是，他有时间思考了，他说："我这辈子第一次审视这个世界，并树立了真正的价值观。我开始意识到，我以前一直在努力追求的很多东西根本不值得。"

通过阅读，他对政治产生了兴趣，开始研究公共问题，并在轮椅上发表演讲。他认识了更多人，人们也因此认识了他。今天，他仍然坐在轮椅上，却已成为佐治亚州政府秘书长！

在过去的35年里，我一直在纽约市开办成人教育课程，我发现许多成年人的主要遗憾是他们从未上过大学。他们似乎认为，没有接受过大学教育是人生一大缺憾。这种想法不一定是对的，因为我认识太多的成功人士，他们高中都没毕业。所以我经常给这些学生讲一个朋友的故事，他甚至连小学都没有读完。他在贫困的环境下长大，当父亲去世时，他不得不借钱料理后事。父亲去世后，他母亲在一家伞厂上班，每天工作10个小时，然后再把零活儿带回家，一直忙到深夜11点。

这个男孩在这种环境里长大。他参加了教会举办的业余戏剧表演，并从表演中获得了极大的快乐。之后，他学习公开演讲，进入了政治领域。他30岁时被选入纽约州的立法机构，但他对这份工作完全没有准备。他坦率地告诉我，他不知道这项工作该怎么做。他研究了参与投票的冗长而复杂的法案，但对他来说，这些法案就像是用印第安文书写的。当他被任命为森林委员会成员时，他惴惴不安，因为他从来没走进过森林半步。当他被任命为州银行委员会成员时，他同样忐忑不安，因为他还没有开过银行账户。他非常沮丧，要不是因为羞于向母亲承认自己的失败，他早就从立法机关辞职了。在绝望中，他决定每天学习 16 个小时，把无知的“柠檬”变成充满知识的“柠檬汁”。就这样，他从一个地方政治家成长为一位全国知名的人物，《纽约时报》称他为“纽约最受欢迎的公民”。

我说的是阿尔·史密斯。

在阿尔·史密斯开始实施他的政治自学计划 10 年后，他成为纽约州政府的权威人士，并连续 4 次当选纽约州州长——这个记录无人打破。1928 年，他成为民主党的总统候选人，包括哥伦比亚大学和哈佛大学在内的六所著名大学都为这个只上完小学的人授予了荣誉学位。

阿尔·史密斯亲口告诉我，如果他不是每天努力工作 16 个小时，把他的弱项变成强项，后面这些事情根本不会发生。

尼采认为优秀杰出的人“不仅忍人所不能忍，并且热爱这种挑战”。

对成功人士经历的研究让我确信，许多人的成功缘于最初的缺陷，这促使他们付出加倍的努力，并获得巨大的回报。正如威廉·詹姆斯所说：“身体上的孱弱会出其不意地帮助我们。”

是的，弥尔顿很可能是因为失明才写出了旷世的诗歌，贝多芬也可能是因为失聪才创作出了传世的金曲。

失明和失聪成就了海伦·凯勒。

如果柴可夫斯基没经历过悲惨的婚姻，没受到挫折，没被逼得几乎要自杀，他可能永远无法谱写不朽的《悲怆交响曲》。

如果陀思妥耶夫斯基和托尔斯泰没有受过生活的折磨，他们可能永远无法写出名垂千古的著作。

查尔斯·达尔文改变了人们关于地球生命的科学理念，他这样写道："如果我不是如此体弱多病，就不可能像现在这样完成如此多的工作。"他坦言，身体的虚弱意外地帮助了他。

达尔文在英国出生的那一天，另一个婴儿在肯塔基州森林中的一个木屋里出生。身体的虚弱也帮助了他，他的名字叫林肯——亚伯拉罕·林肯。如果他在一个贵族家庭中长大，拥有哈佛大学的法律学位和幸福的婚姻，他可能永远不会在内心深处酝酿出在葛底斯堡发表的流传千古的演讲，也不会想到在第二次就职典礼上所说的如诗般的话语，那是有史以来统治者说出的最美丽和最高尚的句子："对任何人不怀恶意，对所有人都存有爱心……"

哈利·爱默生·福斯迪克在《坚持到底的力量》中写道："有一句斯堪的纳维亚谚语——'北风造就了维京人'，它完全可以作为激励我们的号角。我们安全舒适、一帆风顺的生活能使人变得良善幸福？为什么会认为安全舒适、一帆风顺的生活能使人变得善良幸福？恰恰相反，自怜的人即使在轻松舒适的环境下也会继续自怜。事实上，不论人们身处何种环境，好的、坏的，当他们肩负起个人责任时，都会练就品格，找到幸福。所以，北风造就了维京人。"

假如我们非常沮丧，觉得自己不可能把柠檬变成柠檬汁，那么下面两个理由能给我们鼓励，我们无论如何都应该试一试，它使我们有所得，而不会失去。

理由之一：我们可能会成功。

理由之二：即使我们不成功，仅仅尝试把坏事变成好事就能让我们向前看，而不是向后看。它将用积极的想法取代消极的想法；它将释放出创造性的能量，促使我们忙碌起来，让我们既没有时间也没有兴趣为过去的、不可追回的东西而悲伤。

有一次，世界著名小提琴家奥勒·布尔在巴黎举办音乐会时，小提琴的 A 弦突然断了，但奥勒·布尔用剩下的三根弦继续完成了演奏。哈利·爱默生·福斯迪克说："即便断了一根弦，其余的三根弦还是要继续演奏，这就是人生。"

这不仅是人生，而且比人生更加丰富。它是璀璨辉煌的人生！

如果我有能力，我会把威廉·博莱索下面的这些话刻在青铜上，并挂在每间学校里。

人生中最重要的事情不是利用你所得到的，傻瓜都能做到这一点。真正重要的事是从失败中获益，这需要智慧，也显示出人的上智下愚。

因此，为了内在的平静喜乐，请采纳建议 6：

把酸柠檬做成美味的柠檬汁。

7. 日行一善，帮助他人

刚开始写这本书时，我曾出 200 美元作为奖金，以“我如何正向处理压力”为题征集最有帮助和最鼓舞人心的真实故事。

这次征文比赛的三位评委是东方航空公司总裁埃迪·里肯巴克、林肯纪念大学校长斯图尔特·麦克莱兰博士、电台新闻评论员卡尔伯恩。然而，我们收到的两个故事同样出色，评委们无法在它们之间选择一个，所以我们决定把奖金平分给两人。以下是其中一个故事，主人公是伯顿，在密苏里州惠泽汽车销售公司工作，住在密苏里州斯普林菲尔德市商业街 1067 号。

“我在 9 岁时失去了母亲，12 岁时又失去了父亲。19 年前的一天，我的母亲离家出走，此后我再也没有见过她，也没见过她带走的两个妹妹。她离开的前 7 年，从未给我写过一封信。3 年后，我父亲在一次事故中丧生。父亲曾经和合伙人在密苏里州的一个小镇上买了一家咖啡馆，当父亲出差时，他的合伙人把咖啡馆卖掉换了现金，然后卷款逃走。一个朋友给父亲发了电报，让他赶紧回家。匆忙中，父亲在堪萨斯州萨利纳斯的一场车祸中丧生。由于父亲的两个姐妹年岁已高，家庭条件也不太好，只有能力领养三个孩子。剩下我和弟弟无人收留，只好靠镇上的人接济过日，我们一直害怕被叫作孤儿和被当作孤儿对待，但我们的恐惧很快变成了现实。

“我在镇上的一个贫困家庭中生活了一段时间，但日子艰难，户主失去了工作，他们也没有能力继续养活我了。之后，洛夫廷夫妇把我带到离镇上 11 英里的农场和他们一起生活。当时洛夫廷先生已经 70 岁了，他得了带状疱疹，病倒在床上。他告诉我，只要不撒谎，不偷东西，听话，我就可以住在这里。这 3 个命令成为我的“圣经”，我严格遵守。上学后的第一周我回到家，号啕大哭，因为其他孩子欺负我，取笑我的大鼻子，说我是‘傻瓜’，还叫我‘臭孤儿’。我很生气，想揍他们一顿，但洛夫廷先生对我说：‘永远记住，不打架直接离开比留下来打架更像个男人。’最初我一直忍耐，直到有一天，一个孩子从校舍院子里拿了一些鸡粪扔到我脸上。我把他打得屁滚尿流，还因此交了几个朋友，他们说这是他自找的。

“洛夫廷夫人给我买了一顶新帽子，我觉得很有面子。有一天，一个高年级女孩把它从我头上摘下来，装满了水，就这么毁了它。她说往里装水是为了‘让水弄湿我的脑瓜，让我爆米花似的脑袋不爆开’。

“在学校我从未哭过，但在家里我经常号啕大哭。后来有一天，洛夫廷夫人给了我一些建议，帮助我摆脱了所有的烦恼和忧虑，化敌为友。她说：‘拉尔夫，如果你对这些孩子示好，看看你能为他们做些什么，他们就不会再嘲笑你，叫你“臭孤儿”

了。’我接受了她的建议。我努力学习，很快就在班上名列前茅。可我从来没被人嫉妒过，因为我总是在帮助其他人。

“我帮助几个男孩写作文，写辩论稿。有个男生羞于让家人知道我在帮助他，所以他经常对母亲说他要去打猎，然后就会来到洛夫廷先生的农场，把他的狗拴在谷仓里，让我给他辅导功课。我还给一个男生写了读书报告，还花了几个晚上给一个女孩补习数学。

“后来，有两个邻居的男主人去世了，还有一个女邻居被丈夫抛弃了，我成四个家庭中唯一的青壮年男性，在接下来的两年里一直帮助他们。在往返学校的路上，我会去她们的农场，为她们砍柴，帮她们挤牛奶，给她们的牲口喂食喂水。我开始感觉自己是被祝福的，而不再是被抛弃的，因为大家都把我当朋友。后来，当我从海军退伍回家时，大家对我都很热情。在我回家的第一天，两百多个农夫来看我，有些人甚至是从 80 英里外开车来的，他们对我真的很关心。一直以来我忙于助人，几乎没有任何忧虑，而且这 13 年来，再也没有人叫我‘臭孤儿’了。”

伯顿太棒了！他知道如何赢得友谊，他也知道如何正向处理压力、享受生活。

华盛顿州西雅图市已故的弗兰克·卢珀博士也是如此。他患有关节炎，卧病在床 23 年了。然而，《西雅图星报》的记者斯图尔特·怀特豪斯给我写信说：“我曾多次采访卢珀博士，我从未见过比他更无私、更懂生活的人。”

这个卧病在床的残疾人是如何从生活中收获颇丰的呢？抱怨和批评？当然不是。他沉浸在自怜中，要求所有人都关注他、照顾他吗？不是！他的做法是把威尔士亲王的座右铭作为他的信条："Ich dien。"（"我要服务。"）他收集了其他残疾人的姓名和地址，给他们写充满快乐和鼓励的信件，为他们和自己打气。后来，他创建了一个通信俱乐部，帮助残疾人互相联系、沟通。最后，他成立了一个全国性的组织，名叫"居家协会"。

他躺在床上，平均每年写 1 400 封信，并通过向其他居家患者赠送收音机和书籍，给成千上万的残疾人带来了欢乐。

卢珀博士与其他人的主要区别就在于，卢珀博士有目标，有使命感，内心光明。他知道自己在为一个更崇高、更有意义的理想而奋斗，并由衷地感到快乐，而不是像萧伯纳所说的"一个以自我为中心的人，总是在抱怨世界，不能顺他的心，使他快乐"。

下面是伟大的精神疾病学家阿尔弗雷德·阿德勒令人吃惊的观点。他常常对忧郁症患者说："如果你使用这个方法，就可以在 14 天内痊愈，试着想想你每天可以怎样让别人开心吧。"

上面的话听起来很不可思议，我可以引用阿德勒博士的著作《生活对你的意义》中的内容来解释。

阿德勒在《生命对你的意义》中写道："忧郁症患者长期抱有对他人的愤怒和反感，尽管他们的目的是获得他人的关心、同情和支持，但患者似乎因愧疚而感到沮丧。一个忧郁症患者的早期记忆一般是这样的，'我记得我只想躺在沙发上，但我哥哥躺在那里。我大喊大叫，他不得不走开'。

"忧郁症患者往往倾向于用自杀来报复自己，而医生的首要任务是避免他们找到自杀的借口。我尝试缓解病人紧张的情绪，于是向他们提出治疗的第一条建议'永远不要做你不喜欢的事'。

这似乎很简单，但我认为它可以直达病症的根源。如果一个忧郁症患者能够做任何他想做的事，他还能指责谁？他又有什么理由要报复自己呢？我告诉他，‘如果你想去看戏或是度假，那就去吧。如果你在路上发现你又不想去了，那就别去了’。这样对任何人来说都是最好的，满足了他的优越感。他就像上帝一样，可以做任何他喜欢的事。而且，这和他现在的生活方式不大相同。他想支配和指责别人，但如果别人顺着他，他就没办法责备别人了。这条建议效果很好，他们再没有出现过自杀的情况。

“病人经常会说，‘可我没有喜欢做的事’。我已经为这个回答做好了准备，因为我经常听到这个回答。我会说，‘那就不要做你不喜欢的事’。然而，有时他也会回答说，‘我想整天待在床上’。我知道，如果我表示赞同，他就不再想这么做了，但如果我表示反对，他就会大动干戈。因此我总是同意。

“上面只是一条建议，下面的一条建议会更加直接地改变他们的生活方式。我告诉他们，‘如果你遵循这个方法，你可以在14 天内痊愈。试着想想你每天可以怎样让别人开心吧’。这对他们意味着什么？他们脑子里充满了‘我怎么能担心别人呢？’这个想法。他们的回答非常有趣，有些人说，‘这对我来说非常容易。我一生都在做这件事’。其实他们从来没有做过。我让他们好好想想，但他们并没有仔细思考。我告诉他们，‘在你睡不着时可以去想想怎样让别人开心，这将有利于你的健康’。当我第二天见到他们时，我问他们，‘你仔细想过我的建议了吗？’他们回答说，‘昨晚我一上床就睡着了’。当然，所有这些对话都必须以诚恳友好的方式进行，不要表现出一丝一毫的优越感。

“其他人会回答，‘我永远也做不到，我总是很忧虑’。我告诉他们，‘你可以继续忧虑，但同时你也可以时不时地想想别人’。我想把他们的兴趣引向他们的伙伴。许多人说，‘我为什么要让别人开心？别人并没有试着让我开心’。我回答说，‘你必须考虑你的健康，那些不关心他人的人以后会受苦的’。我发现很少有患者说，‘我已经考虑过你的建议了’。我的所有努力都是为了提高患者的社交兴趣，我知道他真正的病因是他缺乏与人交流合作，我希望他也能看到这一点。只要他能在平等合作的基础上将自己与同伴联系起来，他就会被治愈。宗教中最重要的信条是‘爱你的邻舍’那些冷漠的人在生活中遇到的困难最大，给别人带来的伤害最大。人类所有的悲剧都来源于冷漠。

“我们对一个人的全部要求，以及我们能给予他的最高赞誉，就是他是一个好同事，一个好朋友，一个爱情和婚姻中的好伴侣。”

阿德勒博士敦促我们日行一善，那么什么是善事呢？先知穆罕默德说：“善事就是能让他人的脸上绽开快乐的微笑的事。”

为什么每天做一件善事会给人带来巨大的影响？因为尝试让他人开心会让我们不再只想着自己：这正是产生忧虑、恐惧，患上忧郁症的原因。

纽约经营穆恩秘书学校的威廉·穆恩夫人没有为了治愈忧郁症花 14 天来思考如何让别人开心。她的方法比阿尔弗雷德·阿德勒博士的少 13 天，是的，她只用了一天。她通过思考如何让两个孤儿开心治愈了她的忧郁症。

事情是这样的。“5 年前的 12 月，”穆恩夫人说，“几年幸福的婚姻生活彻底结束了，我的丈夫不幸离世，我被一种悲伤和自怜的情绪吞没了。随着圣诞假期的临近，我更加悲伤了。之前我从未独自过过一个圣诞节，我害怕圣诞节的到来。朋友们邀请我和他们一起过节，但我没有任何欢愉的感觉。我知道我在任何聚会上都会成为一个扫兴的人，所以我拒绝了他们善意的邀请。随着圣诞夜临近，我越来越陷入自怜。诚然，我应该对许多事情心存感恩，就像其他人那样。

“圣诞节前一天，下午三点，我离开办公室，在第五大道上漫无目的地走，希望能摆脱我的自怜和忧郁。大街上挤满了快乐的人，这些场景让我回忆起已逝去的快乐时光。一想到回家要独自待在那个空荡荡的公寓里，我就无法接受。我感到很迷茫，不知道该怎么做，禁不住泪流满面。漫无目的地徘徊了一个多小时后，我发现自己来到一个公交车站。我记得我和丈夫经常会坐上公交车去‘冒险’，于是我登上了站里发出的第一辆公交车。车穿过哈德逊河，坐了一段时间后，我听到售票员说：‘这是终点站，女士。’我下了车。我不知道这个小镇的名字，这里安静、祥和。我走在一条穿过住宅区的街道上。经过教堂时，我听到了《平安夜》的美妙曲调。我走了进去，教堂里除了风琴师外没有别人。我悄悄地坐到了其中一个座位上。装饰华丽的圣诞树上的灯光让那些装饰看起来像无数的星星在月光下跳舞，悠长的音乐节奏让只吃了早饭的我昏昏欲睡。我很疲惫，心情沉重，不知不觉睡着了。

“醒来时，我不知自己身在何处，我吓坏了。我看到面前有两个小孩子，他们显然是进来看圣诞树的。其中一个小女孩指着我说：‘是不是圣诞老人把她带来的？’当我睁开眼睛时，孩子们也吓了一跳。我告诉他们，我不会伤害他们。他们穿得很破旧，我问他们的父母在哪里。他们说：‘我们没有妈妈和爸爸。’这里有两个小孤儿比我的处境还糟糕，他们让我为自己的悲伤和自怜而感到羞愧。我带他们看了圣诞树，又带他们去一家杂货店吃了一些点心，还给他们买了一点儿糖果和礼物。就像被施了魔法一样，我的孤独感一下子消失了。几个月来，这两个孤儿让我第一次忘记了自己的痛苦，感受到真正的快乐。

“当我和他们聊天时，我意识到我是多么幸运。我感谢上帝，儿时所有的圣诞节都沐浴在父母的关爱和照顾中。这两个小孤儿带给我的收获远比我为他们做得多。这一经历再次向我表明，让他人幸福是让自己幸福的必要条件。我发现幸福是可以传递的，通过给予，我们也能得到。通过帮助别人和付出爱，我战胜了忧虑、悲伤和自怜，我就像重获新生，不仅在那个时候，在随后的几年里也是如此。”

很多人通过停止只考虑自己获得了健康和幸福，这样的故事我可以写满一本书。让我们以美国海军中最受欢迎的女性玛格丽特·耶茨为例。

耶茨夫人是一位小说家，但她的人生经历比她写的小说有趣得多。故事发生在一个早晨，那天日本人在珍珠港袭击了美军舰队。当时耶茨夫人已经病了一年多——她有心脏病，每天卧床22个小时。最多只是走到花园里去晒太阳。即使这点儿路，她也不得不依赖女仆的搀扶。她告诉我：“在那些日子里，她认为自己余生会一直生活在疾病中。如果不是日本人袭击了珍珠港，让我从封闭的生活中惊醒，我就无法再真正地活一次。”

“当时，”耶茨夫人接着讲她的故事，“一切都很混乱，让人无所适从。一枚炸弹在我家附近爆炸，冲击波让我从床上摔了下来。陆军卡车赶往希卡姆机场、斯科菲尔德军营和卡内奥赫湾航空站，把陆军和海军士兵的家人转移到公立学校。在那里，红十字会打电话给那些有空房间的人，让他们收容这些家属。红十字会的工作人员知道我的床边有一部电话，他们希望我记录信息。于是，我帮助记录了士兵家人的安置点，所有军人也可以给我打电话，了解他们的家人在哪里。

“我很快得知，我丈夫罗伯特·耶茨司令官仍是安全的。我给那些不知道自己的丈夫生死的妻子们打气，尽力安慰那些失去丈夫的女人，伤亡人数很多，海军和陆军共有 2 117 名军官和士兵遇难，960 人失踪。

“起初我是躺在床上接听这些电话的，后来我在床上坐起来接听。最后，我越来越忙，越来越激动，竟然忘了自己的虚弱，走下床坐在桌子旁。通过帮助那些比我更不幸的人，我忘记了自己的一切。除了每晚固定的八小时睡眠外，我再也没有回到床上躺着。我现在意识到，如果当时日本人没有袭击珍珠港，我下半辈子都将是半个废人。以前，我天天躺在床上，随时有人伺候，不知不觉地失去了让自己康复的意愿。

“珍珠港事件是美国历史上最大的悲剧，但就我而言，这是发生在我身上最好的事情。那场可怕的危机给了我力量，我从未想过自己能拥有这般强大的力量，它让我把注意力从自己身上移开，转而关心他人。它给了我信念，让我为之而活，不再有时间可怜自己了。”

如果那些急于向医生求助的人能像玛格丽特·耶茨那样专注于帮助他人，他们当中的1/3也许就可以自我治愈。这只是我的想法吗？不，这是心理学家卡尔·荣格所说的，而且他比别人更权威。他说：“我的病人中约有1/3的人并未患有临床意义上的神经官能症，而是由于生活的无意义和空虚。”换句话说，他们本想在生活中乘船启航，却不断错过。于是，他们愤愤不平地带着他们琐碎的、无意义的、无价值的生活去找心理医生。他们站在码头上，抱怨着所有人，要求世界满足他们以自我为中心的各种欲望。

你现在可能会说：“可惜这些故事打动不了我，如果我在圣诞夜遇到那两个孤儿，我也会帮助他们；如果我当时在珍珠港，我也会像玛格丽特·耶茨那样做。但是，我的情况不同，我过的是普通单调的生活，每天花费八个小时做无聊的工作，在我身上从未发生过任何戏剧性的事情。我如何对帮助别人感兴趣呢？我又凭什么要这样做呢？这样做对我有什么好处呢？”

你问得很好，我试着回答一下。无论你的生活多么平淡无奇，我相信你每天都会遇到一些人。你是怎么对待他们的？你是仅仅盯着他们看，还是试着找出他们行动背后的原因？比如说邮递员，他每年都要走几百英里为你送邮件，你有没有尝试去了解他住在哪里，或对他说想看看他妻子和孩子的照片？你有没有问过他累不累，有没有觉得无聊？

还有杂货店的伙计、卖报的小贩、给你擦鞋的年轻人？这些人和你一样，充满了烦恼、梦想和野心，他们也渴望有机会与他人交流分享。但你曾让他们分享过吗？或对他们表现出热切、真诚的兴趣吗？这就是我所说的那种情况。你不必成为弗洛伦斯·南丁格尔或社会改革家来帮助世界——你可以改变自己，从明天早上开始，从你遇到的人开始吧！

这对你有什么好处？好处是你将拥有更多幸福、更大的满足感和自豪感！亚里士多德称这种态度为“开明的自利”。查拉图斯特拉说：“为他人做好事不是一种责任，而是一种快乐，因为它能让你更健康、更幸福。”而本杰明·富兰克林总结得更加简洁：“善待别人就是善待自己。”

纽约心理服务中心主任亨利·林克说：“在我看来，现代心理学最重要的发现，就是以科学方法证明，自我牺牲或自我约束是达到自我实现和幸福的必要条件。”

为他人着想，不仅能让你不再忧虑，还能帮你交到更多朋友，获得更多快乐。这个方法是怎么奏效的呢？我曾经请教过耶鲁大学的威廉·莱昂·菲尔普斯教授，他这样说。

“每当我走进酒店、理发店或商店时，都会对我遇到的每个人说一些让他们开心的话。我把他们当作独立的个体，而非机器上的一个齿轮。我有时会赞美店里的服务员，夸她的眼睛或头发漂亮。我会问理发师，他整天站着累吗？我会问他是怎么开始干这一行的，干了多长时间，给多少人剪过头发，然后我会跟他一起搞清楚。我发现，对别人表现出兴趣会让他们高兴得合不拢嘴。我经常和一个帮我提行李的搬运工握手，这让他感到被尊重，让他一整天都神清气爽。

“在一个极其炎热的夏日，我到纽黑文铁路的餐车饭店里吃午饭。拥挤的车厢像一个火炉，服务速度很慢。当服务员终于把菜单递给我时，我说：‘后面那间热厨房里做饭的小伙子今天肯定受苦了。’服务员开始骂骂咧咧，语气很不好。起初，我以为他是生我的气。‘全能的上帝啊，’他喊道，‘人们来到这里，抱怨食物，嫌服务太慢、天气太热、价格太高……他们这些批评我听了 19 年，你是第一个也是唯一一个对后面那个厨房里工作的厨师表示同情的人。我希望我们有更多像你这样的乘客。’

“服务员之所以吃惊，是因为我把厨师当成一个独立的个体来尊重，而不是铁路公司中的一个小齿轮。”菲尔普斯教授继续说：“人们所需要的是对其他人或事物的一点儿关注。我经常在街上遇到遛狗的人，我总会夸赞那条狗有多漂亮。有一次我继续往前走，当我回头看时，发现那人也在抚摸和夸赞那条狗。我的赞赏也让他对自己的狗多了一分自豪。

“有一次，我在英国遇到了一个牧羊人，并对他那只聪明的牧羊犬表达了由衷的赞赏，我还向他请教他是怎样训练这条狗的。当我要离开时，我回头看到那只狗站了起来，将爪子搭在牧羊人的肩膀上，牧羊人正在抚摸它。通过对牧羊人和他的狗表达的一点点兴趣，我让牧羊人、牧羊犬，以及我自己都开心起来。”

一个人出门在外，会与搬运工握手，对在热气腾腾的厨房里工作的厨师表示同情，并夸别人的狗有多棒——你能想象这样的人会闷闷不乐、忧心忡忡，需要看心理医生吗？想象不出来吧！中国有句谚语是这样说的：“予人玫瑰，手有余香。”

你不必把这句谚语告诉耶鲁大学的菲尔普斯教授，他知道，他的生活方式就是这样。

如果你是一位男性，可以跳过本段，你可能不会对下面的内容感兴趣，它将讲述一个充满忧虑、生活不快乐的女孩如何让几个男人为她倾倒的故事。这个女孩早已为人祖母。几年前，我在她住的镇上做了一次讲座，当晚，我在她家里过夜。第二天早上，她开车 50 英里，送我坐火车回纽约。我们谈到怎样交到朋友，她说："卡内基先生，我要告诉你一些我从未向任何人提及的秘密，甚至我丈夫也不知道。"她是在费城的一个没落的贵族家庭中长大的。她说："我的儿时和少女时代过得很不好，因为家道中落，我无法像其他女孩那样参加社交活动。

"我穿着寒酸。我长得很快，衣服总是不合身，而且款式也过时了。我感觉特别丢脸、特别害羞，经常哭着入睡。在绝望中，我想到了一个办法，就是在聚会上总是请同伴讲他的经历、他的想法和他对未来的计划。我问这些问题并不是因为我对他的回答特别感兴趣，只是为了不让同伴注意到我穿得多难看。但是神奇的事情发生了，当我听了他们的谈话，对他们有了更多的了解后，我真的开始对这些话题产生兴趣了，有时甚至会忘记我的穿着。

"让我吃惊的是，因为我是个好听众，总鼓励男孩们畅所欲言，我给了他们快乐，也逐渐成为圈子中最受欢迎的女孩，有三个男孩向我求婚了。"

有些人读到这一章时会说："这种要对他人感兴趣的说法都是胡说八道！纯粹是废话！这些东西都不适合我！多赚钱才是该做的！我要抓住我所能得到的一切，现在就抓住，我才不想关注其他人！"

好吧，你当然有权这么想，但如果你是对的，那么有史以来所有伟大的哲学家和导师——包括耶稣、孔子、释迦牟尼、柏拉图、亚里士多德、苏格拉底、圣弗朗西斯就都是错的。如果你对宗教领袖的教义嗤之以鼻，就让我们看看无神论者有何建议。首先是已故的剑桥大学教授豪斯曼，他是他那一代杰出的学者之一。1936 年，他在剑桥大学发表了关于“诗歌的名称和本质”的演讲。在那次演讲中，他表示：“有史以来最伟大的真理和最深刻的道德发现就是耶稣的话‘得着生命的，将要失丧生命；为我失丧生命的，将要得着生命’。”

传教士这样讲不足为奇，但豪斯曼是一个无神论者、一个悲观主义者、一个曾经想自杀的人，连他也这么认为，只考虑自己的人无法找到生命的意义，这种人是悲惨的。反之，忘我助人的人将找到生活的真谛。

如果豪斯曼教授的话还打动不了你，让我们看看 20 世纪美国最杰出的无神论者西奥多·德莱塞有何建议。德莱塞把所有的宗教教义都比作童话，认为人生是“痴人讲故事，充满了喧哗和骚动，且找不到任何意义”。然而，德莱塞却赞同耶稣所讲的一个伟大教义——为他人服务。德莱塞说：“一个人若要从生命中获得快乐，就必须思考和计划如何使事情变得更好，不仅是为了自己，也是为了他人，因为他自己的快乐取决于他通过别人获得的快乐，以及别人通过他获得的快乐。”

正如德莱塞所倡导的那样，如果我们要“为了他人使事情变得更好”，就应该尽快行动起来。时不我待，人生只有一次。因此，现在就去做可以做的一切好事，表现出可以表现的一切善意。不要推迟，也不要忽视，因为人生无法重来。

因此，如果你想消除压力，保持平静喜乐，这里是**建议 7**：

日行一善，

帮助他人。

小　结

保持平静喜乐的七个妙招

- 建议 1　让境随心而转
- 建议 2　用宽恕与爱化解仇怨
- 建议 3　快乐就是不计回报地付出
- 建议 4　感恩已拥有的一切
- 建议 5　做独一无二的自己
- 建议 6　把酸柠檬做成美味的柠檬汁
- 建议 7　日行一善，帮助他人

人性的优点

PART 5

第五部分

让忧虑消散的黄金法则

祈祷

我说过，我是在密苏里州的一个农场出生、长大的。和当时的大多数农民一样，我的父母也相当艰苦。我的母亲曾是一名乡村教师，我的父亲曾是一名农场工人，每月工资只有12美元。母亲不仅要做我穿的衣服，还要做洗衣服用的肥皂。

除了一年一次卖猪的钱，我们手头的现金很少。平时我们在杂货店用黄油和鸡蛋交换面粉、糖和咖啡。我12岁时，每年的零花钱还不到50美分。我仍记得，有一次我去参加国庆活动，父亲给了我10美分，让我随便花，我当时觉得自己发了大财！

儿时我每天要走一英里去上学，学校只有一间教室。冬天，路上雪很深，气温只有零下28华氏度（零下33摄氏度），天寒地冻。14岁之前，我从来没有穿过胶鞋或套鞋。在漫长而寒冷的冬天，我的脚总是又湿又冷，那时我从未想象过一个人的脚在冬天可以是干燥温暖的。

我的父母每天辛苦劳作16个小时，但我们仍然负债累累，被天灾侵扰。我记得泛滥的洪水在玉米地和干草场上翻滚，摧毁了一切。七年中有六年，洪水都摧毁了我们的庄稼。每年，我们的猪都有得霍乱而死掉的，之后只得把它们烧了。我现在闭上眼睛还能回忆起烧猪肉时的刺鼻气味。

有一年没发洪水，我们种的玉米大丰收，于是父母买了牲口，用玉米养肥了它们。可是那年还不如发洪水把玉米淹了，因为芝加哥市场上牲畜的价格下跌，我们把牲口养肥了卖出后，只比买价多了 30 美元。一整年的辛苦劳作，只赚了 30 美元！

我们无论做什么都赔钱。我仍然记得父亲买了几头小骡子，精心喂养了 3 年，还雇人驯养它们，然后把它们运到田纳西州的孟菲斯市卖掉——结果卖价比我们 3 年前的买价还低！

历经 10 年的艰辛，我们不但身无分文，还负债累累。农场是抵押贷款买的，虽然我们尽了最大努力，却连利息都付不起。银行侮辱我的父亲，并威胁要把农场从父亲手里收走。我父亲当时已经 47 岁了，辛勤工作了 30 多年，换来的却是债务和屈辱，他崩溃了。他很郁闷，身体也垮了。他没有胃口，尽管整天在田里做着艰苦的体力活儿，却不得不通过吃药来使自己有点儿食欲。他一天天消瘦。医生告诉母亲，他可能活不过 6 个月。事实上，父亲精神很差，已经有了弃世的念头。我经常听母亲说，当父亲去谷仓喂马和挤牛奶时，只要晚回来一会儿，她就会跑到谷仓，担心他上吊了。有一天，他在玛丽维尔被银行威胁要取消抵押贷款，回来的路上，他在一座桥上停住马车，下了车，低头看着河水，站了很久，想着是不是应该跳下去一了百了。

多年以后，父亲告诉我，他没有跳下去的唯一原因，是我母亲的坚定和乐观，她相信如果我们爱上帝并听从他的旨意，一切都会好起来的。母亲是对的，之后一切确实都好起来了，父亲又幸福地活了 42 年，于 1941 年去世，享年 89 岁。

那些年所有的挣扎和痛苦，都没有让母亲忧虑，她在祈祷中将所有烦恼都带到了上帝面前。每天晚上临睡前，母亲都会读一章《圣经》。母亲和父亲经常会读道："在我父的家里有许多住处……我若去为你们预备了地方……我在哪里，叫你们也在那里。"然后我们都跪在椅子前，在密苏里州那个孤零零的农舍里祈求上帝的爱和庇护。

当威廉·詹姆斯在哈佛大学担任哲学教授时，他说："毫无疑问，治疗忧虑最有效的方法是宗教信仰。"

你不必上哈佛大学就能发现这个方法。我母亲没有上过哈佛大学，她在密苏里州的农场就体会到了。洪水、债务和灾难都压不垮她的乐观和坚定。今天，我仿佛依然能听到她一边工作一边唱着下面这首歌。

> 平安、平安、美妙的平安，
> 源自天上的父，
> 我的心灵沉浸其中，
> 充满无边深沉的爱。

母亲希望我把一生都献给宗教工作，我也曾认真考虑过做一名传教士。后来我上了大学，随着时间的推移，我的想法逐渐变了。我学习了生物学、科学、哲学和比较宗教学，我阅读了有关《圣经》写作过程的书籍，开始对《圣经》中的许多论断产生质疑，也开始怀疑当时乡村传教士传讲的许多狭隘的教义。我感到迷惑不解，就像沃尔特·惠特曼一样，我“感到好奇，突如其来的疑问在内心涌动”。我不知道该相信什么，我找不到人生的意义，我停止了祈祷，成了一个不可知论者。我认为所有的生命都毫无意义，没有目的。我相信人类并不比两亿年前漫游地球的恐龙具有更神圣的使命。我觉得总有一天人类会灭亡，就像恐龙一样。我知道，现代科学让我们学到，太阳正在慢慢冷却，一旦它的温度下降 10%，地球上就不会再有任何生命形式存在。我对上帝按他的样子造人的说法嗤之以鼻，我相信在黑色、寒冷、无生命的太空中旋转的数十亿个太阳是由未知的力量创造的——也许它们根本就不是被创造的，也许它们永远存在，就像时间和空间一样。

我现在找到这些问题的答案了吗？没有。没有人能够解释宇宙最深的奥秘——生命的奥秘。我们被奥秘所包围，人体的运作如此不可思弃，你使用的电能也是如此，墙上裂缝中开出的花也是如此，窗外的绿草也是如此。查尔斯·凯特林是通用汽车公司研究实验室的天才研究总监，他每年自掏腰包给安提阿学院 3 万美元，研究青草为什么是绿色的。他宣称，如果我们知道青草是怎样将阳光、水和二氧化碳转化为糖和养分的，人类就可以从此改变文明。

甚至汽车的发动机的运作也很深奥。通用汽车研究实验室花费多年，斥资数百万美元，试图搞清气缸中的火星为何会引发爆燃，产生驱动汽车的巨大能量，但今天他们仍未找到答案。

我们不了解人体的奥秘、电力或燃气发动机的奥秘，但这并不妨碍我们使用和享受它们。虽然我不理解祈祷和宗教的奥秘，这也不会影响我享受宗教带来的更丰富、更快乐的生活。最后，我终于意识到桑塔亚那的智慧名言："人生的意义不在于理解生活，而在于经历生活。"

我已经回归宗教，但这个表述并不准确——我已拥有了更新、更开放的宗教观。我对那些让教会分裂的教义差别不再执着，我更关注宗教给我带来的益处，以及水、电、美食的益处，它们能帮助我过上更丰富、更充实、更快乐的生活。但是，宗教的作用远不止于此，它还带给我精神上的力量，正如威廉·詹姆斯所说，它给人一种全新的对生活的热情……一种更宽阔、更丰富、更令人满意的生活方式。它给我信心、希望和勇气，消除了紧张、焦虑、恐惧和压力，它给我的生活带来了目标和方向，极大地提高了我的幸福感，让我更健康。它帮助我创造出"生命沙漠中的平静绿洲"。

弗朗西斯·培根在350年前说："浅薄的哲学使人倾向于无神论，但深刻的哲学又会把人的思想引向宗教。"

我还记得人们一度谈论科学和宗教之间的冲突，但现在没人提了。所有科学中最新的科学——精神病学正在教导人们耶稣传讲的东西。为什么？因为精神病学家们意识到，祈祷和坚定的宗教信仰将消除压力、焦虑、紧张和恐惧，有一半以上的疾病是由这些东西导致的。正如这个学科的先驱之一布里尔博士所说："任何一个真正有信仰的人都不会得神经官能症。"

在亨利·福特去世的前几年，我采访了他。在我见到他之前，我本来以为他看上去会饱经沧桑，因为多年来他建立并管理着世界上最知名的企业之一。但是，我惊讶地发现78岁的他显得如此平静、健康和安详。当我问他是否曾经担心过，他回答说："没有，我相信上帝在管理事务，他不需要我的任何建议。在上帝的掌管下，我相信每件事都会有最好的结果。所以有什么可担心的呢？"

现代心理学之父威廉·詹姆斯写信给他的朋友托马斯·戴维森教授说，随着时间的推移，他发现自己"越来越不能抛弃信仰而活"。

在本书前面的章节我提到过，当评委们努力挑选关于消除忧虑的最棒的故事时，他们很难在两个同样出色的故事当中做出选择，最后奖金被平分。下面是另一个故事，是一个女人的难忘经历，她历经苦难，最终发现"她不能抛弃信仰而活"。

我称这个女人为玛丽·卡什曼，但这不是她的真实姓名。她已有儿孙，考虑到他们看到她的故事被刊登出来可能会感到尴尬，所以我同意她用化名。但是，这个女人是真实的，故事也是真实的。故事是这样的。

"在大萧条时期，"她说，"我丈夫的平均工资是每星期18美元。很多时候，我们甚至连这点钱都没有。因为他生病的时候没有工资，而他又经常生病。他总会出点小意外，他还得过流行性腮腺炎、猩红热，以及反复发作的流感。我们不但失去了我们亲手建造的小房子，还欠了杂货店50美元，还要养活5个孩子。为了生活我从邻居那里接了洗衣服和熨衣服的活儿，从救世军商店买二手衣服给我的孩子们穿上。生活的压力使我忧虑，甚至生病。有一天，我们欠了50美元的杂货店主指控我11岁的儿子偷了几支铅笔。

“我儿子哭着告诉我这件事，他是个诚实而敏感的人，我知道他在别人面前丢了脸，受到了羞辱，这件事成了压垮我的那根稻草。我想到了我们受的所有苦难，我看不到任何未来的希望。我失去了理智，关掉了洗衣机，把我5岁的小女儿带进卧室，用纸和破布堵住了窗户和缝隙。我的小女儿对我说：‘妈妈，你在做什么？’我回答：‘这里有一个小风口。’然后我打开了卧室取暖器的煤气开关，可是没有点火。我们在床上躺下，女儿在我身边说：‘妈妈，这太好笑了，我们才刚起床没多久！’我说：‘不要紧，我们要小睡一会儿。’

“然后我闭上眼睛，听着煤气从取暖器里吹出来的声音。我永远不会忘记那股煤气味儿……

“突然，我好像听到了音乐。我分辨了一下，是我忘了把厨房里的收音机关掉，现在这已经不重要了。但音乐一直在响，我听到有人在唱一首古老的圣歌。

何等恩友慈仁救主，
负我罪孽担我忧！
何等权利能将万事，
来到耶稣座前求。
多少平安我们错失，
多少痛苦冤枉受，
都是因为未将万事，
来到耶稣座前求！

“我听着这首赞美诗，意识到自己犯了一个可悲的错误。我曾尝试独自应付可怕的战斗，我没有在祷告中把一切带到上帝面前……我跳了起来，关掉煤气，打开门，推开窗户。

“那天，我一直在哭泣和祈祷，但我没有祈求帮助，而是真诚地感谢上帝赐予我的祝福，我的5个孩子都很健康、漂亮，身体和精神都很强壮。我向上帝保证，我再也不会做如此不知感恩的事，从那时起我一直信守这个承诺。

“后来，即使我们失去了房子，不得不搬进每月5美元租的学校宿舍，我仍为那间宿舍感谢上帝。我感谢他，至少有一间屋子为我们遮风挡雨。我真诚地感谢上帝，事情没有变得更糟，我相信他听到了我的祷告，因为随着时间的推移，情况有所改善——当然，那不是一夜之间，但随着经济萧条状况的缓解，我们赚的钱也多了一点。我在一家大型乡村俱乐部做了一名衣帽服务员，并以卖丝袜为副业。我的一个儿子为了上完大学，在一个农场找了份工作，每天早晚要给13头奶牛挤奶。现在，我的孩子都已经长大成人并结婚，我已经有了3个漂亮的孙子。当我回顾打开煤气的那天，我一遍又一遍地感谢上帝，让我及时‘醒来’了。如果我当时继续按我的想法做，我将错过多少欢乐，错失多少生活的美好！现在每当我听到有人想结束自己的生命时，我就想大声喊：‘不要这样做！不要！’我们经历的黑暗可能只持续一小段时间，坚持下去然后未来就展现在我们眼前……”

在美国，平均每35分钟就有人自杀，每120秒就有人发疯。如果这些人能在宗教和祈祷中得到慰藉和安宁，那么大部分的悲剧都可以避免，也可能防止许多由精神错乱导致的悲剧发生。

最杰出的精神病学家之一卡尔·荣格博士在他的《寻找灵魂的现代人》一书中写道："在过去30年里，世界上各个国家的人都向我咨询，我已经治疗了数百名病人。在我接触的35岁以上的病人当中，所有人的最终治疗方案都是寻找宗教信仰。我可以有把握地说，他们中的每一个人生病都是因为失去了宗教给予的心灵慰藉。他们如果没有找到信仰，就没有被真正治愈。"

在段话太重要了，我用粗体重复一遍。

荣格写道：

在过去30年里，世界上各个国家的人都向我咨询，我已经治疗了数百名病人。在我接触的35岁以上的病人当中，所有人的最终治疗方案都是寻找宗教信仰。我可以有把握地说，他们中的每一个人生病都是因为失去了宗教给予的心灵慰藉。他们如果没有找到信仰，就没有被真正治愈。

威廉·詹姆斯说过大致相同的话："信仰是人类赖以生存的力量之一，完全没有信仰意味着崩溃。"

已故的圣雄甘地是自佛祖以来印度最伟大的领导人，如果他没有信仰的力量作为支持，他可能会崩溃。我是怎么知道的？因为甘地自己这么说的，他写道："如果没有祈祷，我早就疯了。"

成千上万的人都可以做类似的见证。正如我已经说过的，如果不是我母亲的祈祷和信仰，我的父亲早就跳河淹死了。现在正在精神病院里尖叫的成千上万受折磨的灵魂假如能向更强大的力量寻求帮助，而不是试着独自应对生活的挑战，他们很可能会被拯救。

当我们受到骚扰，感觉自己的力量快到极限时，我们中的许多人就会绝望地求助于上帝，正如“散兵坑里没有无神论者”。但是为什么要等到绝望的时候呢？为什么不每天都为自己注入新的力量呢？为什么一定要等到星期天呢？多年来，我有一个习惯，就是在工作日的下午走进空无一人的教堂。当我觉得自己太过匆忙，无法抽出几分钟时间来思考、感受心灵时，我就对自己说：“等一下，戴尔·卡内基，等一下。”

为什么要如此奔忙？你需要暂停一下，换个角度看问题。在这种时候，我经常走进我发现的第一个开着的教堂。虽然我是新教徒，但我经常在工作日的下午走进第五大道的圣帕特里克大教堂，提醒自己，再过30年我就会死去，但在所有教堂里教导的真理是永恒的。我闭上眼睛祈祷。我发现这样做能使我紧绷的内心平静下来，使我的身体得到休息，使我的视角清晰起来，并帮助我重新审视我的价值观。我可以向您推荐这种做法吗？

过去六年，我在写这本书期间，已经收集了数以百计的关于人们如何通过祈祷来正向处理恐惧和压力的具体案例，我的存档文件夹里装满了这些案例的历史记录。让我们看看一位灰心丧气的图书销售员约翰·安东尼的故事。

“22年前，我关闭了我的私人律师事务所，做了一家美国法律书籍公司在当地的销售代表。我的专长是向律师销售一套必读的法律书籍。

“为了干好这项工作，我接受了专业的、全面的培训。我知道所有的销售话术，以及如何有说服力地应对所有可能的反对意见。在拜访客户之前，我会先熟悉他的律师等级、业务性质、政治观点和爱好。在拜访过程中，我会巧妙地用上这些信息。然而，不知哪里出了毛病，我就是拿不到订单！

“我越来越灰心。时间一天天过去了，我加倍努力仍然无法完成足够的销售额，我心里滋生了一种担心和害怕的感觉。我变得害怕去拜访别人，在我进入潜在客户的办公室之前，那种害怕的感觉就会强烈地爆发出来，让我在门外的走廊上踱来踱去，或者走出大楼绕着街区转。然后，在浪费了很多宝贵的时间之后，我鼓起勇气打开办公室的门，这时我才用颤抖的手无力地转动门把手，同时心里希望我的客户不在里面！

“我的销售经理威胁说，如果我没有拿到更多订单，就停止向我预付工资，我的妻子还在家里等着我拿钱支付她和我们三个孩子的日常开销。我充满了忧虑，日复一日，我变得更加绝望，不知道该怎么做。我刚才说过，我已经关闭了我的私人律师事务所，失去了我的客户。现在我已经破产了，我甚至没有钱来付我住旅馆的费用，也没有钱买一张回家的票；即使我有票，我也没有勇气以失败者的身份回家。又一个糟糕的日子结束了，我艰难地回到了我的旅馆房间，想着那是最后一次。对我来说，我已经彻底失败了。

“我悲伤郁闷极了，不知道该往哪里走。我几乎不再关心自己是生是死，我甚至后悔出生。那天晚上，除了一杯热牛奶作为晚餐，我什么都没有，我连一顿饭都吃不起。我明白了为什么绝望的人要打开旅馆的窗户跳下去，如果我有勇气的话，我也会这么做。

“我开始怀疑人生的目的是什么。我不知道，我想不明白。

“既然没有其他人可以帮忙，我只能向上帝求助。我开始祈祷，我恳求全能的上帝给我光明，给我理解，给我指引，让我穿过黑暗的、深深的绝望，这种绝望已经包围了我。我请求上帝帮助我得到书的订单，给我钱来养活我的妻子和孩子。祷告之后，我睁开眼睛，看到那个孤零零的旅馆房间的梳妆台上放着一本圣经。我打开它，读到耶稣那些承诺，这些承诺一定激励了古往今来无数孤独、忧虑和失败的人。我读到耶稣给他的门徒讲如何避免忧虑。

“‘不要为生命忧虑吃什么、喝什么，为身体忧虑穿什么。生命不胜于饮食吗？身体不胜于衣裳吗？你们看那天上的飞鸟，也不种，也不收，也不积蓄在仓里，你们的天父尚且养活它。你们不比飞鸟贵重得多吗？……你们要先求他的国和他的义，这些东西都要加给你们了。’

“当我祈祷时，当我阅读这些文字时，奇迹发生了：我的紧张情绪消失了。我的焦虑、恐惧和忧虑被转化为温暖人心的勇气和希望，以及得胜的信心。

“尽管我没有足够的钱来付我住旅馆的账单，但我仍感到快乐。我上了床，无忧无虑地睡了一觉，这是我多年来没有过的。

“第二天早上，我几乎按捺不住自己，盼着我客户的办公室开门。在那个美丽、寒冷的雨天，我勇敢而积极地迈着大步走到第一个客户的办公室门口，果断地抓住门把手，稳稳地转动它。

我进了门，抬起下巴，径直向客户走去，微笑着说：‘早上好，史密斯先生！我是全美法律书公司的约翰·安东尼！’

“‘哦，幸会，幸会，’他也笑着回答，并从椅子里起身，向我伸出手来，‘我很高兴见到你。请坐吧！’

“那天我的销售额比我几周来的销售额还要多。晚上，我骄傲地回到了我的旅馆，就像一个得胜的英雄！我觉得自己重获新生。因为我有一种新的、积极的人生态度。那天的晚餐我不要热牛奶了，我吃的是牛排，加了所有配菜。从那天起，我的销售量直线上升。

“21 年前的那个绝望的夜晚，在得克萨斯州阿马里洛的一家小旅馆里，我重生了。第二天，外面的情况与我过去失败的几周是一样的，但我的内心发生了巨大的转变，我突然意识到了我与上帝的关系。一个人单靠自己很容易被打败，但一个心里充满信仰的力量的人是不可战胜的。这是我的亲身经历，信仰在我的生命中发挥了作用。

“‘你们祈求，就给你们；寻找，就寻见；叩门，就给你们开门。’”

当伊利诺伊州海兰市第八街 1421 号的别尔德夫人面临悲剧时，她发现，当她跪下来说“主啊，不要成就我的意思，只要成就你的意思”，就可以找到内心的宁静。

“一天晚上，我们的电话铃响了，”她在给我的一封信中写道，“直到它响了 14 次，我才有勇气拿起听筒。我知道这一定是医院打来的，我吓坏了，我担心我儿子即将死去。他患有脑膜炎，已经打了青霉素，但这使他的体温波动，医生担心他可能会长出脑瘤，造成死亡。我所担心的事发生了，电话是医院打来的，医生希望我们马上赶过去。

“也许你能想象我和我丈夫坐在等候室里的痛苦情景。每个人都有自己的孩子，但我们坐在那里，两手空空，不知道我们还能不能再次抱起我们的宝贝。当我们终于被叫到医生的独立办公室时，他脸上的表情让我们心里害怕极了，他的话让我们更害怕了。他告诉我们，我们的孩子只有 1/4 的机会能活下来。他说，如果我们认识别的医生，就请他来处理这个病例。

“在回家的路上，我丈夫崩溃了。他握紧双拳，打着方向盘说：‘我不能放弃我的儿子。’你见过一个男人哭吗？那可不是让人开心的。我们停下车，好好讨论了一番之后，决定在教堂前停下来祈祷，如果带走我们的孩子是上帝的旨意，我们将服从他的意愿。我无力地伏在座位上，泪水顺着脸颊落下来，说道：‘不要成就我的意思，只要成就你的意思。’

“当我说出这些话的那一刻，我感觉好多了。一种很久没有感受到的安定降临到我身上。回家的路上，我一直在重复：‘上帝啊，不要成就我的意思，只要成就你的意思。’那天晚上我睡得很香，这是一个星期以来的第一次。

“几天后，医生打电话来，说鲍比已经度过了危机。我感谢上帝，现在我们拥有的这个男孩已经 4 岁了，并且强壮而健康。”

我认识一些男人，他们认为宗教是妇女、儿童和传教士的事情。他们为自己是能够独自战斗的“男子汉”而自豪。

如果他们知道世界许多著名的“男子汉”每天都在祈祷，可能会感到非常惊讶。例如，“男子汉”杰克·丹普西告诉我，他从来不会没做祷告就睡觉，从来不会在饭前没有感谢上帝就开始吃东西。他告诉我，当他为比赛进行训练时，他每天都会祈祷，而当他在比赛时，他也会在每个回合的铃声响起之前祈祷。他说：“祈祷帮助我带着勇气和信心战斗。”

“男子汉”康尼·麦克告诉我，他不祈祷就无法入睡。

“男子汉”埃迪·里肯巴克告诉我，他相信他的生命是被祈祷所拯救的，所以他每天都会祈祷。

“男子汉”爱德华·施泰提尼厄斯曾做过政府国务卿、通用汽车公司和美国钢铁公司的高层领导，他告诉我，他每天早晚都祷告祈求智慧和指引。

“男子汉”皮尔旁·摩根是他那个时代最伟大的金融家，他经常在星期六下午独自去位于华尔街一头的三一教堂，跪下来祈祷。

当“男子汉”艾森豪威尔飞往英国接受英美军队最高统帅的任命时，他只带了一本书上飞机——《圣经》。

“男子汉”马克·克拉克将军告诉我，他在战争期间每天都读《圣经》并跪下祈祷。蒙哥马利将军也是如此，纳尔逊勋爵在特拉法尔加也是如此，华盛顿将军、罗伯特·李、“石墙”杰克逊和其他几十位伟大的军事将领也是如此。

这些“男子汉”发现了威廉·詹姆斯陈述的真理：“我们和上帝之间是需要联结的。当我们敞开心扉接受他的影响时，就完成了我们最大的使命。”

很多“男子汉”正在发现这一点。现在有 7 200 万美国人加入教会，创下了历史纪录。正如我之前所说，甚至科学家也在转向宗教。以亚历克西斯·卡雷尔博士为例，他写了《未知的人》一书，并赢得了科学家的最高荣誉——诺贝尔奖。卡雷尔博士在为《读者文摘》撰写的一篇文章中说："祈祷是一个人能够产生的最强大的能量，它是一种和地球引力一样真实的力量。作为一名医生，我见过一些人在其他疗法都失败后，通过祈祷的宁静努力摆脱了疾病和忧郁……祈祷就像镭一样，是一种发光的、自生的能量来源……在祈祷中，人类试图通过向无限的能量源泉求助来增加自己有限的能量。当我们祈祷时，我们将自己与宇宙运行的不竭动力相联结。我们祈求这种力量的一部分被分出来满足我们的需要。即使在祈求中，我们人类的不足也会得到填补，我们会得到加强和修复……每当我们在祈祷中向上帝呼求时，我们的灵魂和身体都会变得更好。任何人在祈祷中都会有一些好的结果。"

伯德上将知道"我们将自己与宇宙运转的不竭动力相联结"意味着什么，这帮助他度过了一生中最艰难的折磨。他在《孤独》一书中讲述了这个故事。1934 年，他在南极深处罗斯屏障冰盖下的一间小屋中度过了 5 个月，他是南纬 78 度以南唯一的生物。暴风雪在他的小屋上方咆哮，温度骤降至零下 82 华氏度（零下 63 摄氏度），他完全被无尽的黑夜包围。然后他惊恐地发现，炉子里漏出来的一氧化碳正让他慢慢中毒！他能做什么呢？最近的救援点在 123 英里之外，而且要花费几个月才可能到达。他试着修复他的炉子和通风系统，但烟仍在泄漏，这些烟常常把他熏得昏死过去，让他躺在地板上完全失去知觉。他不能吃，不能睡，他变得如此虚弱，几乎不能离开他的床铺。他经常担心自已无法活到第二天。他认为自己会死在那个小屋里，而他的尸体会永久被雪掩盖。

是什么拯救了他的生命？有一天，他绝望极了，伸手摸出日记本，费力地写下他的人生哲学。他写道："人类在宇宙中并不孤单。"他想到了头顶上的星星，想到了行星的有序转动，想到了永恒的太阳终有一日把南极地区的荒地也照亮。然后他在日记中写道："我并不孤单。"

这种他并不孤独，甚至在地球尽头的冰洞里也不孤独的信念拯救了理查德·伯德。他说："这种信念让我坚持。"他继续补充说："很少有人在其一生中几乎耗尽他们内心的能量。有一些深层力量从未被使用过。"理查德·伯德学会了挖掘这些力量之井并利用这些力量坚持下去。

格兰·阿诺德在伊利诺伊州的玉米地里也获得了同样的教训。阿诺德先生是伊利诺伊州奇立科西市的一名保险经纪人，他在关于正向处理压力的演讲中这样开场："八年前的一天，我把家门锁好，想着这是我这辈子最后一次锁门。然后我上了我的车，往河边开去。我是一个失败者，一个月前，我的整个世界坍塌了。我的电器生意陷入了困境，在我家里，我的母亲卧床，生命垂危，我的妻子正怀着我们的第二个孩子，医疗方面的花销越来越多。为了创业，我们已经抵押了所有的东西，包括我们的汽车和家具，我甚至用我的保险单贷了款。现在一切都没了，我再也受不了了，所以我上车向河边开去，决心斩断这团悲惨的乱麻。

"我开到了乡下，把车停在路边，下车后坐在地上，像个孩子一样哭了起来。然后我认真开始思考我的情况有多糟？还会更糟吗？真的没有希望吗？我可以做什么来使它变好？

“我当时决定把整个难题交给主，请求他来处理。我祈祷了，努力地祈祷，好像我的生命都要取决于这个祷告，事实也确实如此。紧接着，一件奇怪的事情发生了，当我把所有的难题都交给一个比我自己更强大的力量时，我立即感到了几个月来从未有过的心灵的安定。我很可能在那里坐了半个小时，边哭边祈祷，然后我回到家，像个孩子一样睡了过去。

“第二天早上，我起床时满怀信心，不再害怕任何事情，因为我在依靠上帝的指引。那天早上，我昂首挺胸地走进当地的一家百货公司，申请电器部销售员的工作。我说话时充满自信，我知道我会得到这份工作，我确实得到了。之后我的业绩很好，直到战争造成整个电器业务停止。然后，我仍然依靠上帝的指引，开始推销人寿保险。这些都是 5 年前的事，现在我已经付清了所有的账单，我的家庭很美满，有 3 个聪明的孩子，我有了自己的房子，买了一辆新车，并有 2.5 万美元的人寿保险。

“我现在回看从前，我甚至庆幸当时失去了一切，变得那么沮丧，甚至去到河边……那段悲惨的经历教会了我依靠上帝，使我现在拥有了我做梦都想不到的幸福和自信。”

为什么宗教信仰能让我们感觉如此安定、沉着和坚毅？威廉·詹姆斯是这样解释的：“浮躁的海面波涛汹涌，海洋深处却不受干扰。对那些认识到世界更广大，更长久的人来说，他个人的命运每时每刻的变化似乎微不足道。因此，真正虔诚的人是不可动摇的，平静地面对困难，沉着地准备好在新的一天可能担负起的任何责任。”

如果我们担心和焦虑，为什么不试试信仰上帝？伊曼纽尔·康德说：“信仰上帝，因为我们需要这样一种信仰。”为什么不现在就把自己联结到“让宇宙运转的不竭动力”？

即使你本质上不是一个虔诚的人，即使你是一个彻头彻尾的怀疑论者，祈祷对你的帮助也比你认为的要大得多，因为它是实用的。我说的实用是什么意思？我的意思是，祈祷可以满足所有人这三种非常基本的心理需求，无论他们是否相信上帝。

1. 祈祷帮助我们把压力和困扰准确地用言语表达出来。我们在第四章看到，如果一个问题模糊不清，那这个问题几乎是不可能处理的。在某些方面，祈祷的过程非常像我们把问题写在纸上。如果我们为一个问题寻求帮助，即使是来自上帝的帮助，我们都必须用言语表达出来。
2. 祈祷给我们一种与人分担的感觉，让我们不再独自承担。我们中很少有人强大到可以完全自己承担最沉重的负担。最痛苦的烦恼。有时我们的忧虑是如此私密，甚至不能告诉我们最亲近的亲戚或朋友，那么祈祷就是唯一的办法。任何一位精神病学家都会告诉我们，当我们压抑、紧张，处于精神的痛苦之中时，向别人倾诉我们的痛苦是有治疗作用的。当我们不能告诉其他任何人时，我们可以告诉上帝。
3. 祈祷是按积极行动的原则去做，是向实际行动迈出的第一步。我不认为有人能够日复一日地祈求某种满足，却没有采取一些行动来实现这个祷告。世界著名的科学家亚历克西斯·卡雷尔说："祈祷是一个人能够产生的最强大的能量。"那么为什么不利用它呢？称它为上帝、真主，或者圣灵，只要让自然界的神秘力量将我们掌握在手中，又何必争论它是什么名字呢？为什么不现在就合上这本书，关上门，跪下来，倾诉你的心里话？如果你已经失去了信仰，请恳求全能的上帝再次赋予你信仰，并默念700年前阿西西的圣弗朗西斯写的这个美丽的祷文：

"主啊，让我成为你的平安的器皿。让我在有仇恨的地方播种爱，在有伤害的地方播种宽恕，在有怀疑的地方播种信心，在有绝望的地方播种希望，在有黑暗的地方播种光明，在有悲伤的地方播种欢乐。

"哦，神圣的主啊，请允许我，让我不那么寻求被安慰，而是去安慰他人；不那么寻求被理解，而是去理解他人；不那么寻求被爱，而是去爱他人；因为，我们只有在施予中才能收获；在宽恕别人时自己也得到宽恕；在生命逝时得到永生。"

PART 6

第六部分

别为他人的批评而忧虑

1. 优秀的人更容易被打压

1929 年发生了一件事，在全国教育界引起了轰动，美国各地的专家学者纷纷赶到芝加哥想要亲眼见证这一事件。几年前，一个名叫罗伯特·哈钦斯的年轻人半工半读地上完了耶鲁大学，他曾经当过服务员、伐木工人、家庭教师和服装推销员。现在，仅仅 8 年之后，他就被任命为美国财富排行第四的大学——芝加哥大学的校长。他才 30 岁，真是令人难以置信！老一辈的教育家们都在摇头，一边倒的批评向这个“奇迹男孩”倾泻下来，说他太年轻，没有经验，说他的教育理念很不切实际。甚至报纸也加入了攻击他的行列。

在罗伯特·哈钦斯就职的那天，一位朋友对他的父亲说：“我为今天早上读到报纸上谴责你儿子的社论感到很震惊。”

“是的，”老哈钦斯回答说，“这很伤人，但请记住，没有人会去踢一只死狗。”

一条狗越是重要，人们在踢它的时候就越是满足。后来的爱德华八世——曾经的威尔士亲王也有过这种遭遇。当时他正在德文郡的达特茅斯学院上学，这所学院相当于安纳波利斯的海军学院，王子当时大约 14 岁。有一天，一位海军军官发现他在哭，就问他出什么事了。他起初不肯说，但最后还是承认，他被海军学员踢了。学院的海军准将将男孩们召集起来，对他们说，王子没有找他告状，但他想知道为什么只有王子受到这种粗暴的对待。

经过一番推脱和犹豫，学员们终于承认，他们希望自己在成为皇家海军的指挥官和舰长时，能炫耀自己过去曾经踢过国王！

因此，当你被踢和被批评时，请记住，这是因为攻击你的人想借此突显自己的重要性，这往往意味着你已有成就，值得关注。许多人从对那些比他们受教育程度高或更成功的人的谴责中得到满足感。例如，我在写这一章的时候，收到了一个女人的来信，她谴责了救世军的创始人威廉·布斯将军。我曾在广播节目里赞美过布斯将军，因此这位女士写信给我，说布斯将军偷了他为帮助穷人而募集的 800 万美元。当然，这个指控是荒谬的。但这个女人并不是在寻找真相，她寻求的是一种卑鄙的满足感，而这种满足感来自诋毁一个地位远高于她的人。我把她那封充满仇恨的信扔进了废纸篓，并感谢全能的上帝，我没有和这样的人结婚。她的信没有告诉我关于布斯将军的任何事情，却让我知道了关于她的很多事情。叔本华多年前就说过："小人常为伟人的缺点或过失而得意。"

人们很难认为耶鲁大学的校长是一个庸俗的人，然而耶鲁大学以前的一位校长蒂莫西·德怀特显然以谴责一个正在竞选美国总统的人为乐。这位前任耶鲁大学校长警告说，如果这个人当选总统，“我们可能会看到我们的妻子和女儿成为合法卖淫的受害者，被侮辱，被玷污，人们将抛弃自尊，背弃德行，被上帝厌恶。”

听起来几乎像是在谴责希特勒，对吗？但不是，他是在谴责托马斯·杰斐逊，就是那个名垂千古的托马斯·杰斐逊，《独立宣言》的起草者，守护民主的圣人。

你知道是哪个美国人被谴责为“伪君子”“冒牌货”，以及“比杀人犯好不了多少”吗？报纸上的一幅漫画描绘了他在断头台上的样子，大刀马上就要落下来砍下他的头。当他骑马穿过街道时，人群嘲笑他，对他发出嘘声。他是谁？美国国父，第一任总统，乔治·华盛顿。

但那是很久以前的事了，也许从那时起，人性已经得到改善。让我们来看看皮尔里上将的例子，这位探险家在 1909 年 4 月 6 日乘狗拉雪橇到达了北极，让世界为之震惊和激动。几个世纪以来，勇敢的人们为了实现这个目标而忍饥挨饿，甚至牺牲生命。皮尔里本人也几乎死于寒冷和饥饿，他的 8 个脚趾因冻僵坏死而不得不被切掉。他身心受到了巨大折磨，一度担心自己会疯掉。华盛顿的海军上级军官因为皮尔里得到如此多的公众关注和赞誉而大为恼火，于是他们诬陷皮尔里以科学探险为名敛财，然后“在北极闲逛”。他们可能真的相信事实如此，毕竟人类最擅长自欺欺人。他们想尽一切办法羞辱和阻止佩里，最后只有麦金利总统的直接命令才使皮尔里继续在北极研究。

如果皮尔里只在华盛顿的海军部有一份文职工作，他是否还会受到谴责？不会，那样他还不够资格击起人们的嫉妒。

格兰特将军的经历比皮尔里上将还糟糕。1862 年，格兰特将军赢得了北方的第一场决定性的胜利，这使他一夜之间成为全国人民的偶像，举国上下敲起钟声，燃起熊熊篝火，这场胜利甚至在遥远的欧洲都产生了巨大反响。然而，在胜利的六个星期后，北方的大英雄格兰特却被逮捕，被夺走军权，他因为屈辱和绝望而落泪。

为什么格兰特将军在胜利后被捕？主要是因为他引起了他傲慢的上级的嫉妒。

如果不合理的批评会让我们感到担忧，这里是**建议 1**：

优秀的人更容易被打压。

记住！不合理的批评往往是掩饰了的赞美。

记住，没有人会去踢一只死狗。

2. 漠视不合理的批评

我曾经采访过斯梅德利·巴特勒少将，就是那位被称为“地狱魔鬼”的巴特勒！记得他吗？他是有史以来指挥美国海军陆战队的最多才多艺、最强势的将军。

他告诉我，当他年轻的时候，他极度渴望受别人欢迎，想给每个人都留下好印象。在那些日子里，最轻微的批评都会让他感到难受和刺痛。但他承认，在海军陆战队的30年使他的脸皮变厚了。他说：“我受到过责骂和侮辱，被斥为黄狗、蛇和臭鼬。他们真是厉害，我听过英语中所有不可名状的骂人话的组合。但想打扰我？哼！现在我听到有人骂我时，都懒得转过头去看谁在说话。”

也许只有巴特勒对批评毫不在意，但有一件事是肯定的：我们中的大多数人对指向自己的小小的嘲讽和攻击太认真了。我记得多年前，《纽约太阳报》的一名记者参加了我的成人教育班的展示课，然后嘲笑了我和我的工作。我很生气，把它当作是对我个人的侮辱，于是我打电话给《纽约太阳报》执行委员会主席吉尔·霍奇斯，要求他采取实际行动，在报上说明事实，而不是嘲笑我。我决心要为自己讨回公道。

我为我当时的行为方式感到羞愧。我现在才意识到，买报纸的人中有一半没有看到那篇文章，而读了那篇文章的，有一半人把它看作是消遣的笑料。那些看了文章幸灾乐祸的人中，又有一半在几周内就把它忘得一干二净了。

我现在意识到，人们并不会在意你我，也不在意别人怎么评论我们。他们只想着自己的事，餐前想，餐后想，一直到半夜12点过10分钟还想着。他们对自己的轻微头痛的关注程度远超过关注你我的生死。

即使你我被最亲密的朋友欺骗、嘲笑、出卖、暗算、陷害，我们也不要沉溺在自怜中。相反，让我们提醒自己，耶稣身上也发生过类似的事情。在他的12个亲密的朋友中，有一个因为钱而背叛了他，这笔钱大约合今天的19美元。他的12个亲密的朋友中的另一个在耶稣陷入困境时公然背弃了他，并再三发誓他根本不认识耶稣。连耶稣都遭到了1/6的密友的背叛，为什么你我还要期待一个更低的比例呢?

多年前我发现，虽然我无法阻止人们不合理地批评我，但我可以做更重要的事情：我可以决定自己是否让不合理的谴责干扰我。

让我说得更清楚些：我并不主张忽略所有的批评，我说的是只忽视不合理的批评。我曾经问过埃莉诺·罗斯福，她是如何处理不合理的批评的，天知道她受了多少这样的批评。她可能比任何一个住过白宫的女人都有更多热心的朋友和更多残暴的敌人。

她告诉我，当她还是个年轻女孩时，她的害羞几乎是病态的，害怕人们对自己的评论。她非常害怕别人的评论，以至于有一天她向她的姑妈，即西奥多·罗斯福的妹妹求助："姑妈，我想做某件事，但我害怕被批评。"罗斯福的妹妹看着她的眼睛说："永远不要被别人的说法打扰，只要你心里知道你是对的。"

埃莉诺·罗斯福告诉我，多年后，当她进入白宫后，上面这一点建议就是她的信念基石、行事原则。她告诉我，我们能够避免所有批评的唯一方法就是像个陶瓷小人一样待在架子上。"做你心里觉得正确的事，反正不论对错你都会被批评的。如果你做了，你会被骂，如果你不做，也会被骂。"她就是这么建议的。

在已故的马修·布拉什生前担任美国国际公司总裁时，我问他是否曾在意他人的批评，他回答说："是的，我早年对它非常敏感，当时我很想让公司里的所有员工都认为我是完美的。如果他们不这么认为，我就会担心自己哪里做得不好。我首先会尝试取悦一个对我有意见的人，但这么做会让另外一个人生气。然后，当我努力弥补这个人时，我又会激起更多人的不满。我终于发现，我越是想讨好别人，以逃避对我个人的批评，就越会增加我的敌人。所以最后我对自己说，'只要你比众人优秀，你就会被批评。所以要让自己习惯'。这个想法对我帮助很大。从那时起，我就把做到最好当成我的行事准则，然后撑起我的伞，把批评的雨水挡走，而不是让它们流到我的脖子后面。"

迪姆斯·泰勒选择了其他方式：他让批评的雨水从他的脖子上流下，并在公众面前大笑一场。当他在纽约爱乐交响乐团周日下午广播音乐会的中场休息发表评论时，一位女士给他写了一封信，说他是“骗子、叛徒、毒蛇和白痴”。在随后一周的广播中，泰勒先生向数百万听众宣读了这封信。几天后，他又收到了同一位女士的另一封信，信中表达了她不变的观点，就是泰勒先生还是骗子、叛徒、青蛇和白痴。泰勒先生在他的书《人与音乐》中写道：“我怀疑她并不在意我那次节目。”我们实在是佩服一个能以这样的态度接受批评的人。我们钦佩他的冷静、他的风度，以及他的幽默感。

查尔斯·施瓦布在普林斯顿大学向学生演讲时坦言，他所获得的最重要的感悟来自在施瓦布的钢铁厂工作的一位德国老人。这位老人曾与其他钢铁工人发生过激烈的争吵，被扔进了河里。“当他来到我的办公室时，”施瓦布先生说，“他浑身沾满泥水，我问他对那些把他扔进河里的人说了什么，他回答说，‘我只是笑笑’。”

施瓦布先生说，他把那个德国老人的话作为自己的座右铭——只是笑笑。

当你成为不合理批评的受害者时，这句格言尤其管用。如果我反驳，那么攻击我的人还会继续攻击我；但若我“只是笑笑”，他将无可奈何。

如果林肯没有认识到费力回答所有投向他的尖锐谴责是愚蠢的，他可能早已在内战的压力下崩溃。林肯是这么写的：“光是阅读那些批评就要很久，更别提一条条回复了。有这时间还不如去做别的事情。我会按我所知，尽我所能，做到最好，并且一直这样做下去。如果结果证明我是对的，那么对我的任何批评都不重要。如果结果我是错的，那么即使 10 个天使发誓说我是对的也于事无补。”

当你我受到不合理的批评时，让我们记住**建议 2**：

> **漠视不合理的批评。**
>
> **凡事尽力而为，**
>
> **然后撑起伞，**
>
> **避开非难之雨。**

3. 学会自我批评

在我的私人档案柜里有一个文件夹，上面标着“FTD”——我做过的蠢事（Fool Things I Have Done）的缩写。我把我做过的蠢事的书面记录放在那个文件夹里，有时我把这些备忘录口述，我的秘书做笔录，但有时事情非常私密、非常愚蠢，我实在羞于口述，便自己手写出来。

我仍然可以回忆起15年前我放在“FTD”文件夹里的一些对自己的批评。如果我对自己完全诚实的话，我的文件柜已经被这些“FTD”记录撑爆了。我常重复扫罗王在3 000年前所说的话：“我是糊涂人，大大错了。”

当我拿出我的“FTD”文件夹，重新阅读我对自己的批评时，这些自我批评都能帮助我处理我面临的最棘手的问题：自我管理。

我过去常常把我的麻烦归咎于其他人，但随着年龄和智慧的增长，我意识到，归根结底，几乎所有的不幸都可以归咎于自身，很多人随着年龄的增长都有这样的发现。拿破仑在圣赫勒拿岛说，“除了我之外，没有任何人应该为我的失败承担责任。我是我自己最大的敌人，也是我不幸命运的起因。”

我认识一个人，他在自我评价和自我管理方面是个大师。他的名字叫豪厄尔。1944 年 7 月 31 日，当他在纽约大使饭店的杂货店里突然死亡的消息传遍全国时，整个华尔街为之震惊，他是美国金融界的领袖，美国商业银行和信托公司的董事长，也是几家大公司的董事。他小时候没有受过什么正规教育，第一份工作是在一家乡下的商店当店员，后来成为美国钢铁公司的信贷经理，一步步获得了更高的职位和权力。

当我请豪厄尔先生讲解他成功的秘诀时，他告诉我说：“多年来，我一直保留着一本日程本，记录我在一天中的所有工作事项，我的家人从不在周六晚上为我做任何安排，因为家人知道我在每周六晚上都会花一部分时间进行自我检查，对我一周的工作进行回顾和评估。晚饭后，我打开我的日程本，认真回忆周一早上以来的所有约谈、讨论和会议。我问自己。当时我犯了什么错误？我做的什么是正确的？我在哪些方面还可以提高我的表现？我可以从那次经历中吸取什么教训？有时我发现，这种每周一次的回顾使我非常不高兴，有时我为自己愚蠢的失误感到震惊。当然，随着时间的推移，这些失误已经变得不那么频繁。当我年复一年地坚持下去，我发现这种自我分析的习惯对我的帮助比我曾经尝试过的其他方法都要大。”

也许豪厄尔是向本 · 富兰克林学习的，只是富兰克林不会等到周六晚上，而是每天晚上都对自己进行一次严格的检查。他发现自己有 13 个严重的缺点，以下是其中的 3 个：浪费时间、为小事烦恼、与他人争论。聪明的本·富兰克林意识到，除非他改正这些缺点，否则他走不远，于是他每天都与自己的一个缺点“搏斗”，并记录下这场“搏斗”是谁赢了。第二天，他会挑出另一个缺点，做好准备迎接新的挑战。在两年多的时间里，富兰克林每天都会这样与他的缺点“搏斗”。

难怪他会成为美国有史以来最受欢迎和最有影响力的人！

埃尔伯特·哈伯德说：“每个人每天至少有五分钟是个傻瓜，而明智者则不超过五分钟这个限度。”

凡人会因为最轻微的批评而大发雷霆，但智者却渴望从那些批评、责备、争执中学到东西。沃尔特·惠特曼是这样说的：“你是否只从那些钦佩你、待你温柔、同你站在一边的人那里吸取了教训？难道你没有从那些拒绝过你，指责过你，阻挠过你的人那里吸取更多教训吗？”

与其等着我们的敌人来批评我们或我们的工作，不如让我们成为我们自己最严厉的批评者，让我们在我们的敌人有机会说话之前就找到并改正我们所有的缺点。这就是查尔斯·达尔文所做的，他花了15年时间批评自己。故事是这样的：当达尔文完成他的不朽之作《物种起源》的手稿后，他意识到这个颠覆性概念一旦出版将震撼整个学术界和宗教界，所以他成为自己的批评家，又花了15年时间检查资料，批判性地思考、反复推理论证。

假设有人骂你是“一个傻瓜”，你会怎么做？生气？愤慨？林肯是下面这么做的。他的战争部长爱德华·斯坦顿曾说林肯是“一个傻瓜”。斯坦顿对林肯一直插手他的事务愤愤不平。为了讨好一个自私的政客，林肯签署了一项调遣某些军团的命令。斯坦顿不仅拒绝执行林肯的命令，还大骂林肯是个傻瓜，竟然签署这样的命令。后来发生了什么？当有人把斯坦顿说的话告诉林肯时，林肯平静地回答："如果斯坦顿说我是个傻瓜，那么我一定是，因为他几乎总是对的。我得亲自去看看。"

林肯去见了斯坦顿。斯坦顿以命令是错误的为由说服了他，林肯撤回了命令。当林肯知道批评是真诚的，是建立在知识基础上，是以帮助为目的提出的，他就会欢迎这种批评。

你我也应该欢迎这种批评，因为我们不能指望我们自己的判断都是正确的。西奥多·罗斯福入主白宫时说过，他所能希望的是在四次判断中至少有三次是正确的。爱因斯坦，这位我们时代最伟大的思想家，也承认他在99%的时间里都是错误的！

拉罗什福科说："我们的敌人对我们的看法比我们对自己的看法更真切。"

我知道这句话在很多时候都可能正确，然而，当有人开始批评我时，如果我不注意，就会立刻自动采取防守，甚至是在我还不知道我的批评者会说什么的时候。每次这样做，我都对自己感到厌恶。我们都倾向于反感批评，接受赞美，不管批评或赞美是否合理。我们不是受逻辑支配的生物，而是受情绪支配的生物。我们的逻辑就像一艘独木舟，在深不见底、黑暗笼罩、风雨肆虐的情绪大海中沉浮。我们大多数人对现在的自己有很好的评价，但40年后，当我们回过头来看，可能会嘲笑我们今天的样子。

威廉·艾伦·怀特是"史上最有名的小镇报纸编辑"，当他回首往事，将50年前的自己描述为"一个头脑发胀、有勇无谋的傻瓜，一个傲慢的伪君子，一个自负的叛逆者"。20年后，也许你我可能会用类似的形容词来描述我们今天的样子。谁知道呢?

在之前的章节中，我谈到了当你受到不合理的批评时该怎么做。继此之外，还有另一个方法：当你的愤愤不平，感觉自己受到不合理的谴责时，为什么不停下来说对自己："等一下……我远非完美。如果爱因斯坦都承认他 99% 的时间里是错误的，那么我至少有 80% 的时间里是错误的，也许我应该受到这种批评。如果事实如此，我应该感谢这个批评，并努力从中获益。"

白速得公司的前总裁查尔斯·勒克曼每年花 100 万美元赞助鲍勃·霍普的节目。他不看那些赞扬这个节目的信件，而是坚持看那些批评信。他知道他可能会从中学到一些东西。

福特公司非常想知道它的管理和运营出了什么问题，因此特地请员工参与了一次调查，请他们对公司进行批评。

我认识一个曾经推销肥皂的人，他常常请人批评他。当他刚开始为高露洁推销肥皂时，订单来得很慢，他担心会失业。他确信肥皂或价格都没有问题，那么问题一定出在他自己身上。每次他推销失败，就会绕着街区走，尝试找出问题所在。他是不是说话太含糊了？是不是缺乏热情？有时他会回去对客户说："我回来不是为了向你推销，而是为了得到你的建议和批评。可否请你告诉我，之前我想卖给你肥皂时，我是不是哪里做得不够好？你比我更有经验，更成功。请你给我批评意见，请直说，别对我手下留情。"

这种态度为他赢得了很多朋友和宝贵的建议。

你猜他后来怎么样了？他做了高露洁公司的总裁，这个公司是世界上最大的肥皂制造商。他的名字是利特尔。去年，他的薪资是 240 141 美元，全美国只有 14 个人的收入比他高。

做豪厄尔、本·富兰克林和利特尔所做的事需要非凡的勇气。现在，趁着没人注意，为什么不对着镜子，问问自己，你是否属于他们那种人呢?

为了不被批评困扰，这里是建议 3：

学会自我批评。
既然我们并非完人，
就让我们像利特尔那样，请别人提出公正、
有帮助、有建设性的批评。

小 结

别为他人的批评而忧虑

- 建议 1　优秀的人更容易被打压
- 建议 2　漠视不合理的批评
- 建议 3　学会自我批评

PART 7

第七部分

常保活力无忧的六大准则

1. 好好休息，抽空小睡

为什么我在一本克服忧虑的书中写了防止疲劳的内容？这很简单：因为疲劳是忧虑之源，起码它使你易于忧虑。任何医学生都会告诉你，疲劳会降低身体对普通感冒和数百种其他疾病的抵抗力；任何精神疾病的医生都会告诉你，疲劳也会降低你对恐惧和担忧情绪的抵抗力。因此，防止疲劳有助于克服忧虑。

我说的“有助于克服忧虑”是很温和的说法，埃德蒙·雅各布森博士说得更直接。雅各布森博士写了两本关于放松的书：《逐步放松》和《你必须放松》。作为芝加哥大学临床生理学实验室的主任，他花了数年时间进行调查，将放松作为医疗实践中的一种方法。他宣称，紧张或任何其他不良的情绪状态“在完全放松的情况下都不存在”。换一种说法就是，如果你放松，你就不会再忧虑。

因此，为了防止疲劳和忧虑，第一条建议是，经常休息，在疲倦之前先休息。

为什么这一点如此重要？因为疲劳感会以惊人的速度累积。

美国陆军通过反复测试发现，即使是经过多年军事训练而变得坚强的年轻人，也需要放下背包，每小时休息10分钟，才能更好地行军，并坚持更长时间。所以军队制定了相关要求。“你的心脏非常聪明”，你的心脏每天通过你的身体泵出的血液足以装满一节铁路罐车，它每24小时迸发的能量足以将20吨煤铲到3英尺高的平台上，它还把这种令人难以置信的工作进行50年、70年，甚至90年。它是怎么忍受的呢？哈佛大学医学院的沃尔特·坎农博士解释了这一点。他说：“当心脏以每分钟70下脉搏的中等速度跳动时，在24小时中心脏实际上只有9小时在工作。总的来说，它每天的休息时间有整整15个小时。”

第二次世界大战期间，温斯顿·丘吉尔年龄已经接近70岁，他每天工作16个小时指挥英军作战，创下了一个惊人的记录。他的秘诀是什么？他每天从早上开始在床上工作，阅读文件，口述命令，打电话，并召开重要会议，直到11点。午餐后，他在床上睡一个小时。晚上，他又一次上床睡2个小时，然后在8点吃晚饭。他并没有消除疲劳，他不需要消除它，他在预防疲劳。因为他经常休息，所以他能够以充沛的精力和健康的状态持续工作到深夜。

老约翰·洛克菲勒创造了两项非凡的记录。他积累了有史以来世界上最多的财富，而且还活到了98岁。他是如何做到的？当然，主要原因是他有长寿的基因，而另一个原因是他有每天中午在办公室睡半小时的习惯。当他在办公室的沙发上躺下打盹的时候，即便是美国总统来电话他也不接。

丹尼尔·乔塞林在他的著作《为什么会累》中指出：“休息

不是完全不做事。休息是修复。”短暂的休息有很大的修复能力，即使是 5 分钟的小睡也会有助于预防疲劳！棒球老将康尼 · 麦克告诉我，如果他不在比赛前午睡，他在第 5 局左右就会筋疲力尽。但如果他睡了，哪怕只睡 5 分钟，他一口气打完全场也不觉得累。

当我问埃莉诺 · 罗斯福，她在白宫的 12 年中是怎么应付那些让人精疲力竭的日程安排的。她说，在会见群众或发表演讲之前，她经常会坐在椅子上或长沙发上，闭上眼睛，放松 20 分钟。

我最近在麦迪逊广场花园采访了吉恩 · 奥特里，他是世界牛仔竞技锦标赛的冠军。我注意到他的更衣室里有一张小行军床。“我每天下午都躺在那里，”吉恩 · 奥特里说，“在两场演出之间小睡一个小时。当我在好莱坞拍电影时，我经常在一张大的休闲椅上休息，每天有两到三次小睡，每次 10 分钟，这大大补充了我的精神。”

爱迪生也把他海量的精力和耐力归功于他想睡就睡的习惯。

我在亨利 · 福特 80 岁生日前不久采访了他，我惊讶地发现他看起来是那么精力充沛，容光焕发。我问他保养的秘诀，他说：“当我能坐着时，我从不站起来；当我能躺下时，我也从不坐着。”

“现代教育之父”霍勒斯 · 曼年老后也是这样做的。在他担任是安提阿学院的院长期间，他经常躺在沙发上和学生谈话。

我曾建议好莱坞的一位电影导演尝试类似的技巧，后来他坦言，这为他创造了奇迹，他是顶级导演杰克 · 切托克。几年前他来找我时，是米高梅公司短片部的负责人，当时他疲惫不堪。他尝试过各种方法：提神水、维生素、药物，但都没有任何帮助。我建议他每天放给自己个小假，就是在召集内部作者开会时，边开边在办公室里伸懒腰，放松身体。

两年后，当我再次见到他时，他说："我的私人医生说这是个奇迹。我以前在讨论我们短片的创意时，一般都是在椅子上坐着，紧张地绷着脸，现在我在这些会议期间会躺在办公室的沙发上。我的感觉比过去 20 年都要好，每天多工作 2 个小时也不会累。"

这一切对你是否适用呢？如果你是一个速记员，你不能像爱迪生或山姆·戈尔德温那样在办公室里打盹；如果你是一个会计，你不能在与老板讨论财务报表时躺在沙发上。但如果你住在一个小城市，回家吃午饭，你也许可以在午饭后小睡 10 分钟。这就是乔治·马歇尔将军过去的习惯。他觉得自己指挥美国军队作战太累了，所以中午必须休息。如果你过了 50 岁，觉得自己太忙没时间休息，那就立即购买你能买到的所有人寿保险。意外总是来得很突然；你的配偶可以拿着你的保险金嫁给一个更年轻的！

如果你不能在中午小睡一会儿，你至少可以试着在晚上吃饭前躺 1 个小时，这比 1 杯鸡尾酒便宜，而且它的效果是鸡尾酒的无数倍。如果你能在 5 点、6 点或 7 点左右睡上 1 小时，你就可以每天多清醒 1 个小时。为什么会这样呢？因为晚上吃饭前小睡一小时加上晚上睡 6 个小时，总共 7 个小时，会比不间断地睡 8 个小时对你更有好处。

一个体力劳动者如果抽出更多的时间休息，就可以做更多的工作，弗雷德里克·泰勒在担任伯利恒钢铁公司的科学管理工程师时证明了这一点。他观察到，每个工人每天要将大约 12.5 吨的生铁装上货运汽车，而他们在中午时分就已经筋疲力尽。他对所有导致疲劳的因素进行了科学的分析，并宣布这些人每天应该装载的不是 12.5 吨生铁，而是每天 47 吨！他认为，他们应该可以做几乎四倍于他们现在所做的工作而不会被累垮。但他必须证明这一点！

泰勒挑选了一位叫施密特的工人进行实验，施密特被要求按秒表工作，拿着手表站在他身旁的人告诉他："现在拿起一块生铁……现在坐下来休息……再拿起一块生铁……现在休息。"

发生了什么？施密特每天搬运 47 吨生铁，而其他工人每人只搬运 12.5 吨。在这 3 年实验期间，施密特几乎总能以这种效率工作。施密特能做到这一点，是因为他在疲倦之前就已经休息了。他每小时大约工作 26 分钟，休息 34 分钟。他休息的时间比工作的时间多，但他做的工作几乎是其他人的 4 倍！这件事仅仅是道听途说吗？你可以在弗雷德里克·泰勒的《科学管理的原则》读到这个纪录。

让我重复一遍：按照军队的行军要求做，经常休息；学你的心脏的工作规律，疲倦之前先休息，你会每天增加一个小时的清醒时间。

2. 放松，再放松

这里有一个令人震惊的事实：仅靠脑力劳动不能使你疲倦。这听起来很荒唐，但在几年前，当科学家们试图找出人脑可以工作多长时间才出现“工作能力下降”，即疲劳的科学定义时，他们惊讶地发现：当大脑处于活跃状态时，通过大脑的血液根本没有显示出任何疲劳的迹象！如果你在一个体力劳动者白天工作时从他的静脉中抽取血液，你会发现血液中充满了“疲劳毒素”和“疲劳产物”，但如果你从阿尔伯特·爱因斯坦的脑部抽取一滴血，哪怕是劳累了一天后，它也不会有任何“疲劳毒素”。

对大脑来说，哪怕工作了 8 个，甚至 12 个小时，它的状态也和开始时一样好，反应一样迅速。大脑是完全不知疲倦的。那么是什么使你感到疲倦呢?

精神病学家表示，我们的大部分疲劳来自我们的精神和情感状态。英国杰出的精神病学家之一哈德菲尔德在他的《权力心理学》一书中说：“我们所感到的大部分疲劳与无力都是由于心理的影响，实际上，纯粹由生理引起的疲惫是很少见的。”

美国最杰出的精神病学家之一，布里尔博士表述得更直接，他宣称："上班久坐的人如果健康状况良好，其疲劳百分之百是心理因素造成的，也就是情绪因素。"

什么样的情绪因素会使上班久坐的人感到疲倦？快乐？满足？绝对不是！厌倦、怨恨、不被赏识的失落感，以及匆忙、焦虑、无力感——这些都是让坐着上班的人疲惫不堪的情绪因素，使他容易患感冒、效率低下，并使他带着由紧张引起的头痛回家。是的，我们会感到疲倦，因为我们的情绪使我们的神经时刻紧绷。

大都会人寿保险公司在一份关于疲劳的传单中指出："艰苦的工作本身很少会导致不能通过良好的睡眠或休息来恢复的疲劳。忧虑、紧张和情绪不佳是造成疲劳的三大主要原因。我们常认为体力或脑力劳动是导致疲劳的原因，但忧虑、紧张和情绪不佳往往才是罪魁祸首。记住，紧绷着肌肉就是在消耗能量。放松一下！保存精力去做更重要的事。"

现在停下来，就在你所在的地方，给自己做个检查。当你读这几行字时，你是否对着书皱眉头？你是否感觉到两眼之间有一股压力？你是否放松地坐在椅子上？还是你在驼着肩膀？你脸上的肌肉是否紧绷？除非你全身像一个布娃娃一样瘫软和放松，否则，此时此刻，你就是在紧绷着神经和肌肉，处于疲劳状态！

为什么我们在做脑力劳动时会产生这些不必要的紧张情绪？乔塞林说："我发现主要的障碍是人们几乎普遍认为，工作要努力才会高效，否则就做不好。"因此，我们在集中精力时会皱起眉头，耸起肩膀，我们不自觉地让肌肉较劲，这对我们的大脑工作没有任何帮助。

这里有一个惊人的可悲的事实：数百万人做梦也不会去浪费金钱，却正在像醉酒的水手一样肆无忌惮地浪费和挥霍他们的精力。

解决这种神经疲劳的办法是什么？放松！放松！再放松！当你在做你的工作时要学会放松！

容易吗？不，你可能需要改掉已经养成了的习惯，但这是值得努力的，因为它可能会彻底改变你的生活！威廉·詹姆斯在他的文章《放松的福音》中说："美国人常表现出过度紧张、肌肉痉挛、呼吸不畅以及其他痛苦……这都是坏习惯，彻头彻尾的坏习惯。"紧张是一种习惯，放松也是一种习惯。坏习惯可以改正，好习惯可以培养。

如何放松？是从你的思想开始，还是从你的神经开始？都不是，从你的肌肉开始！

让我们试一试吧。为了展示如何放松，让我们从眼睛开始。通读这一段，当你读到结尾时，向后靠，闭上眼睛，对你的眼睛默默地说："放松，放松，不要紧张，不要皱眉，放松，放松。"慢慢地重复这句话一分钟。……

你注意到没有？几秒钟后，眼睛的肌肉开始服从命令了。你不觉得好像有只手抹去了你的紧张吗？好吧，虽然看起来很不可思议，但你已经在这一分钟里学会了放松的全部技巧和秘诀。你同时可以让下巴、脸上的肌肉、脖子、肩膀和整个身体放松，但最重要的器官是眼睛。芝加哥大学的埃德蒙·雅各布森博士甚至说，如果你能完全放松眼部的肌肉，你就能忘记所有的烦恼！眼睛在缓解神经紧张方面如此重要的原因是，它们燃烧了身体所消耗的所有神经能量的 1/4，这也是为什么这么多视力很好的人都患有“眼疲劳”，他们让眼部肌肉绷得太紧了。

著名小说家维基·鲍姆说，当她还是个孩子的时候，她遇到了一位曾经是马戏团小丑演员的老人给她上了人生中最重要的一课。她摔了一跤，磕破了膝盖，伤了手腕。老人把她抱起来、安抚好，然后说：“你受伤是因为你不知道怎么放松。你必须假装自己像一只袜子一样软，像一只皱巴巴的旧袜子。来，我教你怎么做。”

那位老人教维基·鲍姆和其他孩子怎么摔倒，怎么做后空翻，怎么做侧手翻。他一直在说：“把你自己想成一只皱巴巴的旧袜子，你就会放松了！”

你可以随时随地放松自己，但是不要强迫自己去放松，放松就是没有任何紧张和压力。只想着舒适和自在。开始时，要想着放松你的眼睛和脸部的肌肉，一遍又一遍地对自己说：“放松……放松……放松，再放松。”感受能量从你的面部肌肉流向你身体的中心，把自己想成像婴儿一样没有压力。

这也是伟大的女高音歌唱家加利·库尔奇过去的做法。海伦·杰普森告诉我，她曾经看到加利·库尔奇在演出前坐在椅子上，全身的肌肉都放松了，下颚软绵绵得都下陷下去了。这是很好的做法，使她在登台前不会太紧张，防止了疲劳。

这里有五个建议，可以帮助你学会放松。

1. 阅读有史以来关于这一主题写得最好的书——大卫·哈罗德·芬克博士的《从神经紧张中释放出来》。
2. 一有闲工夫就放松。让你的身体像一只旧袜子一样软下来。当我工作时，我把一只栗色的旧袜子放在我的桌子上，就把它放在那里，提醒我应该多么柔软。如果你没有袜子，一只猫也行。你有没有抱起过一只在阳光下睡觉的小猫？它的头尾都像湿报纸一样下垂。甚至印度的瑜伽师也说，如果你想掌握放松的技巧，就去学习猫。我从未见过一只疲倦的猫，一只神经衰弱的猫，或者一只患有失眠、忧虑或胃溃疡的猫。如果你学会像猫那样放松，你可能会避免这些麻烦。
3. 尽可能地以舒适的姿势工作。记住，身体的紧张会使肩膀酸痛、神经疲劳。
4. 每天自省 4 到 5 次，并对自己说："我在让我的工作比实际情况更难吗？我有让与我做的工作无关的肌肉紧绷吗？"这样将帮助你养成放松的习惯，正如大卫·哈罗德·芬克博士所说："在那些了解心理学的人中，2/3 的人都认为习惯最重要。"
5. 在一天结束时再次测试一下，问自己："我到底有多累？如果我累了，那不是因为我所做的脑力劳动，而是因为我做的方式。"丹尼尔·乔塞林说："衡量我这一天的成就不是通过我在一天结束时有多累，而是通过我有多不累。如果我在一天结束时感到特别疲倦，或者因精神疲倦而烦躁，我就毫无疑问地知道，不论以数量还是质量衡量，这都是效率低下的一天。”如果每个商人都能懂得同样的道理，“高血压”等疾病导致的死亡率将在一夜之间下降，而我们的疗养院和精神病院也将不再挤满那些被疲劳和忧虑击垮的人。

3. 向他人倾诉你的烦恼

去年秋季的一天，我的同事飞到波士顿，参加世界上最不寻常的医学课程。医学课程？是的，这个课程每周在波士顿诊所开展一次，参加学习的病人在加入前会进行定期和全面的身体检查。实际上，这门课程是一种心理治疗，它的正式名称是应用心理学（以前叫思想控制课，是由第一个学员提议的名字），它的真正目的是帮助那些因忧虑而生病的人，这些病人中有许多是饱受情绪困扰的家庭主妇。

这样一个针对忧虑者的课是怎样诞生呢？1930年，曾经师从威廉·奥斯勒爵士的约瑟夫·普拉特医生注意到，许多来波士顿诊所的门诊病人没有任何身体的问题，但他们确实出现了身体可能出现的各种症状：一个女人因“关节炎”导致双手不能正常活动，另一个因“胃癌”而陷入极度痛苦，其他人出现了背痛、头痛、长期疲劳，或其他不适。他们确实感觉到了这些疼痛，但最全面的医学检查也没有发现，这些妇女在身体上的任何问题。许多传统的医生会说这都是想象，“都是脑子的问题”。

但普拉特医生意识到，告诉这些病人“回家去，别管它”是没有用的。他知道大多数人都不想生病，如果忽略疾病这么容易，他们自己早就做到了。现在医生还可以做什么呢？

普持特医生在旁人的质疑声中开了他的课，这门课创造了奇迹！开设 18 年来，成千上万的病人通过参加这个课得到了“治愈”。有些病人已经参加了好几期，就像去教堂一样虔诚。我的助手与一位女士交谈，她在 9 年多的时间里几乎没有落下过一节课。她说，当她第一次去诊所时，她深信自己得了游离肾病和某种心脏病。她非常忧虑和紧张，以至于偶尔会出现视力下降，甚至短暂失明。然而，今天她却自信、开朗，健康状况极佳。她看起来只有 40 岁左右，但她却抱着一个孙子，孙子正在她腿上睡觉。她说：“我过去经常非常担心我的家庭问题，当时甚至觉得死了才省心。但我在这家诊所学到了担心是没用的。我学会了停止担心，现在我可以诚实地说，我的生活是平静的。”

这门课的医学顾问罗丝·希尔弗丁博士说，她认为减轻忧虑的最佳措施就是“与你信任的人谈论你的烦恼，我们称之为宣泄”。她说：“当病人来到这里时，他们可以畅所欲言，直到他们在心里卸下这些烦恼。独自沉浸在烦恼中，会造成极度的精神紧张。我们都必须分享我们的烦恼，分享我们的忧虑。我们必须感觉到在这个世界上有一个人愿意倾听我们的忧愁，并能够理解我们。”

我的助手见证了一位女士在说出她的忧虑后所得到的巨大纾

解。她有家庭方面的担忧，她刚开始说话时，就像一个压紧了的弹簧。随着她不断说下去，她逐渐开始平静下来。在谈话结束时，她居然笑了。问题已经解决了吗？不，没那么容易。造成这种变化的原因是与人交谈分享，得到一点建议和一点同情，真正引起她情绪变化的是语言的巨大治疗作用。

心理分析在某种程度上是基于语言的治疗能力。自从弗洛伊德时代以来，心理分析师们就知道，如果病人能够开口，哪怕只是谈话，他也能减轻内心的焦虑。为什么会这样呢？也许是因为通过交谈，我们对自己的烦恼有了更清楚的认识，发现了更好的思考角度。没有人知道确切的答案，但我们所有人都知道，一吐为快和直抒胸臆都会让心情立刻畅快起来。

因此，下次我们再遇到情绪问题时，为什么不在周围找找可以倾诉的对象呢？当然，我的意思并不是说向遇到的每一个人发牢骚和抱怨，这样我们只会到处惹人讨厌。让我们选一个可以信任的人，并和他预约时间。他可以是亲戚、医生、律师、牧师或神父。然后对那个人说："我有一个问题，想听听你的建议，我希望你能听我把它说出来。对于这个事情，你可能会从我自己想不到的角度来看。即使你不能给我建议，只是坐下来听我说，也会给我很大的帮助。"

如果你真觉得没有人可以倾诉，那么让我告诉你，有个组织叫拯救生命联盟，它与波士顿诊所没有关系。拯救生命联盟是世界上最不寻常的组织，它最初是为了拯救可能自杀的人而成立的，但随着时间的推移，它扩大了帮助范围，向那些不快乐和有情感需求的人提供精神咨询。我采访了罗娜·博内尔小姐，她负责接待那些来拯救生命联盟寻求帮助的人。她告诉我，她很高兴去回复本书读者的来信。如果你写信给他们，你的信和你的问题将被严格保密。当然，如果可以的话，我建议你去找一个可以当面交谈的人，这样会给你带来更大的帮助。但如果找不到的话，为什么不尝试写信给这个联盟呢?

把烦恼说出来，是波士顿诊所使用的主要疗法之一，我们还从课程中整理了其他一些想法，你可以在家里做这些事情。

1. 拿一个笔记本或剪贴簿来专门记阅读时发现的“灵感”。在这个本子上，你可以粘贴所有吸引你、鼓舞你的诗歌，祷告词或格言。然后，当你的心情低落时，也许你能在这本书中找到驱散忧郁的秘诀。许多病人多年来一直用这种方法，他们说这是一剂精神上的“强心针”。
2. 不要为别人的缺点纠缠太长时间！不错，你的丈夫是有很多缺点。问题是，如果他是个圣人，就根本不会娶你，对吧?课上有一个女人发现自己变成了一个经常骂人、唠叨、面容憔悴的妻子，有一次她突然被问道：“如果你的丈夫死了，你会怎么做?”她被这个问题吓了一跳，立即坐下来，把她丈夫所有的优点列了出来，列得相当多。所以，当你觉得自己嫁给了一个“暴君”时，为什么不试试同样的方法呢?当你发现了你的配偶有这些优点之后，也许你会觉得他或她就是你需要的人！
3. 关心他人、对他们的生活感兴趣！对那些身边的人表示友好与关心。一位女病人觉得自己非常“排外”，没有任何朋友。医生建议她尝试虚构一个关于下一个她会遇到的人的故事，于是她就想象她在公交车上看到的人，想象他们的生活是什么样的。你猜她的第一个变化是什么？她开始到处与人交谈。如今，她是一个满脸幸福、充满活力、富有魅力的人，她的"痛苦"都被治好了。

4. 今晚睡觉前，为明天的工作制定一个时间表。许多家庭主妇感到无休止的家务一直牵着她们、骚扰她们。她们每天都有做不完的家务，感觉被时间追赶着。为了转变这种匆忙和担忧的感觉，有人建议她们每天晚上为第二天的工作制定一个时间表。结果如何？她们完成了更多的工作，不光大大减少了疲劳，有了自豪感和成就感，还有了剩余的时间去休息和享受。

5. 最后，为了避免紧张和疲劳，要放松！放松！没有什么会比紧张和疲劳更容易让你看上去显老，对你的神采和容貌造成大的破坏！我的助手在波士顿的思想控制课上旁听了一个小时，课程主任保罗·约翰逊教授讲述了我们在前一章中已经讨论过的许多原则和关于放松的建议。我的助手和其他人一起做了10分钟这些放松练习后，她几乎是直挺挺地坐在椅子上睡着了！为什么如此强调这种身体放松？因为诊所和其他医生都知道，如果你要让人们摆脱忧虑的纠缠，他们就必须放松！

是的，你必须要放松！你有一个很大的优势，就是只要你愿意，你随时都可以躺下，而且最好是地板上。听起来很奇怪，但好的硬地板比柔软的弹簧床更适合放松，它能提供更多的支持力，对脊柱有好处。

下面是一些你可以做的练习。试着做一个星期，看看你的外表和性情有什么变化吧。

- 每当你感到疲倦时就平躺在地板上，尽可能向头和脚两个方向伸展。如果你想，可以打几个滚。每天做两次。
- 闭上你的眼睛。你可以试着像约翰逊教授建议的那样，说一些这样的话："太阳在头顶上照耀，天空是蓝色的，闪闪发光。大自然很和谐，这个世界归它掌控。而我，作为大自然的孩子，与宇宙融为一体。"或者最好是祈祷！
- 如果你因事而忙，不能躺下，那么你坐在椅子上也能达到几乎同样的效果。坚硬、直立的椅子是最好的选择。要像坐着的埃及雕像一样直挺挺地坐在椅子上，让你的手掌向下，放在大腿上。
- 现在，慢慢绷紧脚趾，然后让它们放松。绷紧腿上的肌肉，然后让它们放松。这样慢慢地向上放松，活动你身体的所有肌肉，直到脖子。然后让你的头"自由地转来转去"，仿佛它是一个足球。继续对你的肌肉说："放松……放松……"
- 用缓慢、稳定的呼吸使你的神经放松下来，深呼吸。印度的瑜伽师是对的：有节奏的呼吸是迄今为止发明的舒缓神经的最好方法之一。

- 想一想你脸上的皱纹和皱起的眉头，把它们都抚平。放松你紧皱的眉头和紧绷的嘴角。每天做两次，也许你就不必去做按摩了，皱纹的线条也许会由内而外消失！

4. 用好的工作习惯保证高效工作

良好的工作习惯之一：除了正在办理的事务，桌上不放其他文件。

芝加哥和西北铁路公司总裁罗兰·威廉姆斯说："一个人的办公桌上堆满了关于各种问题的文件时，如果他能把除当前要处理的问题之外的所有文件都清理掉，那么他的工作就会变得更加容易、有效。我把这称为良好的内务整理，它是提高效率的首要步骤。"

如果你参观华盛顿特区的国会图书馆，你会发现天花板上印着诗人蒲柏写的一句诗：

"秩序是天国第一律。"

秩序更应该是工作的第一律。但是，现实是吗？不是。常见的是办公桌上堆满了几周没有看的文件。新奥尔良一家报纸的发行人曾经告诉我，他的秘书在清理他的一张桌子时竟然发现了一台找了两年都没找到的打字机！

光是看到办公桌上堆满了未回复的邮件、报告和备忘录这个画面，就足以让人产生混乱、紧张和忧虑的感觉。比这更糟糕的是，这个画面还不断提醒你“有太多的事情要做，却没有时间去做”，这不仅会让你因为担心而紧张疲劳，还会让你因为担心而得高血压、心脏病和胃溃疡。

宾夕法尼亚大学医学研究院教授约翰·斯托克斯博士在美国医学协会全国大会上宣读了一篇论文，题为“器质性疾病并发症的功能性神经官能症”。在那篇论文中，在“应注意的病人的精神状态”标题下，斯托克斯博士列出了11种情况，以下是第一种情况：

强迫感或责任感；强迫自己去完成那些没完没了的事情。

但是，像清理办公桌和做出决定这样的小事，是如何帮助我们摆脱高压和强迫感的呢？著名的精神病学家威廉·赛德勒博士讲过一个病人通过使用这个简单的方法避免了精神崩溃。这个病人是芝加哥一家大公司的主管，当他来到萨德勒医生的办公室时，他神经紧绷、惶恐不安、忧心忡忡。他知道自己的健康状况出了问题，但他不能放弃工作。他必须得到帮助。

“当这个人向我讲他的故事时，”赛德勒博士说，“我的电话铃响了，是医院打来的；我没有放任不管，而是当即就花时间做了解答。如果可能的话，我总是当场解决问题。我刚结束通话，电话又响了。又是一件急事，我需要花时间和对方在电话上讨论。第三次中断是我的一个同事来我办公室，就一个病危的病人征求我的意见。当我和他谈完后，我转向我的病人说抱歉又让他等待，但他的脸色已经舒展了，脸上的表情完全不同于之前。”

“不用道歉，医生！”这个人对赛德勒说，“在这10分钟里，我想我已经领悟到了自己的问题。我要回到我的办公室，改变我的工作习惯……但在我走之前，你介意让我看一下你办公桌的抽屉吗？”

赛德勒博士拉开了他办公桌的抽屉，里面只有文具。“告诉我，”病人说，“你把你未完成的工作文件放在哪里？”

“都完成了！”赛德勒说。

“那你把还没回复的信放在哪里？”

“都回复了！”赛德勒告诉他，“我的原则是，在我没有回信之前，绝不把信放下，我会马上把回信口述给我的秘书。”

6周后，这位主管邀请赛德勒博士去他的办公室。他变了，他的桌上也变了。他拉开办公桌的抽屉，展示办公桌里没有未完成的工作文件。这位主管说：“6周前，我在两个不同的办公室里有3张不同的桌子，我被工作压得喘不过气来，事情总也做不完。和你谈话后，我回到这里，清理出了一车厢的报告和旧文件。现在我只在一张办公桌前工作，遇到事情就立刻解决，再没有未完成的工作堆积如山让我感到紧张和担心了。最令人吃惊的是，我已经完全恢复了，我的健康不再有任何问题！”

美国最高法院前首席法官查尔斯·埃文斯·休斯说：“人不是死于过度工作，他们是死于精力消耗和担忧。”是的，死于精力的浪费，死于担忧，因为他们感觉工作多得似乎永远无法完成。

良好的工作习惯之二：按事情的重要性，定出处理的优先次序。

城市服务公司的创始人亨利·多尔蒂说，他发现不管他付多少薪水，都几乎无法找到具备以下这两种能力的人。

这两种花重金也买不到的能力是思考的能力以及按事情的重要性，定出处理优先次序的能力。

查尔斯·拉克曼，这个白手起家的小伙子，在 12 年内成长为白速得公司总裁，年薪 10 万美元，还额外赚了 100 万美元。这个小伙子宣称，他的成功在很大程度上是由于他具备了亨利·多尔蒂求而不得的两种能力。查尔斯·拉克曼说："从我记事起，我就早上 5 点起床，因为我在那时比其他任何时候都能更好地思考并计划我的一天，我按事情的重要性，定出处理的优先次序。"富兰克林·贝特格是美国最成功的保险推销员之一，他并没有等到早上 5 点才计划他的一天，而是在前一天晚上就计划好了。他为自己设定一个目标，就是当天要卖出一定数量的保险。如果他没达到目标，那差额就会加到下一天的目标里，以此类推。

我从多年的经验中知道，一个人并不总是能够按事情的重要性定出处理的优先顺序，但我也知道，计划好优先做重要的事要比随兴做事好得多。

如果萧伯纳没有把"优先做重要的事"作为行事准则，他可能会成为一个失败的作家，可能一辈子都只是银行的出纳员。他的计划是每天写 5 页，这个计划激励着他，让他坚持写了 9 年，这九年他生活艰辛，总共只赚了 30 美元，大约每天一便士。

良好的工作习惯之三：问题发生时，如有能力当场解决，不要一直拖着不做决定。

我以前的一个学生，就是已故的豪厄尔先生告诉我，在他担任美国钢铁公司的董事会成员时，董事会的会议往往是冗长的，讨论了许多问题，却很少做出决定，其结果就是董事会的每个成员都不得不把成捆的报告带回家研究。

最后，豪厄尔先生说服董事会一次只讨论一个问题并做出决定，没有拖延，没有改期。这个决定可能要求提供更多的资料或其他要求，但在进入下一个问题之前，必须对这个问题做出决定。豪厄尔先生告诉我，这样做的结果是惊人的，虽然不一定让每个人开心，却是有效的：会议的议程被清理了，日程表空出来了，每个成员不再需要把一捆报告带回家，也不再会因为有问题没解决而忧虑。

一个好的建议不仅适用于美国钢铁公司的董事会，也适用于你我。

良好的工作习惯之四：学习如何组织、授权与督导。

许多商务人士因为没有学会把责任分摊给别人，坚持自己包办所有的事情，结果他们就淹没在琐事中，被匆忙、担心、焦虑和紧张的感觉所驱使。我知道要想学会分摊责任是很难的，对我来说就很难，非常难。我也从经验中知道，把权力下放给错误的人可能会造成灾难。尽管下放权力很困难，但是，要想避免忧虑、紧张和疲劳，管理者就必须这样做。

一个人如果建立了一个大企业，却没有学会组织、授权与督导，通常会在五十多岁或六十出头就突然出现心脏问题，由紧张和忧虑引起的心脏问题。想要一个具体的例子吗？只要看看当地报纸上的讣告。

5. 提升正能量，转化消极情绪

疲劳的主要原因之一是厌倦。为了说明这一点，以一个邻居，行政人员爱丽丝为例。一天晚上，爱丽丝精疲力竭地回到家。她看上去很疲惫，她的确很疲惫。她头疼、背痛，不等吃饭就想睡觉。在母亲恳求下，她在桌前坐下。这时，电话铃响了，是她男朋友邀请她去参加舞会！她的眼睛闪闪发光，她的兴致高涨。她冲上楼去，穿上她标志性的蓝色长裙，出门后一直跳到凌晨三点。当她终于回到家时，她没有丝毫的疲惫，反而兴高采烈，睡不着了。

8 个小时前，当爱丽丝看起来和表现得很疲惫时，她真的很累吗？她当然是。她的疲惫是因为她对她的工作感到厌烦，也许对生活感到厌烦。我们当中有数以百万计的爱丽丝，你可能就是其中之一。

众所周知，你的情绪状态让你产生的疲劳通常远远多于身体的消耗产生的疲劳。几年前，约瑟夫·巴迈克博士在《心理学档案》上发表了有关他的一些实验的报告，说明厌倦是如何产生疲劳的。巴迈克博士让一组学生参加了一系列测试，他知道他们可能对这些测试没有兴趣。结果是什么？学生们感到疲惫和困倦，抱怨头痛和眼睛疲劳，感到烦躁。甚至在某些情况下，他们的胃也不舒服。这都是“想象”吗？不是。对这些学生进行的新陈代谢测试结果表明，当一个人感到无聊时，身体的血压会下降；氧气的消耗会减少，而只要他开始对工作感兴趣，从中获得快乐，整个新陈代谢速度就会立即加快！

当我们在做一些有趣的、令人激动的事情时，我们很少会感到累。例如，我最近在加拿大落基山脉的路易斯湖附近度假，花了几天时间沿着科拉尔溪钓鳟鱼，在比我还高的灌木丛中奋力前行，在倒下的树桩间磕磕碰碰。然而，8 个小时过去了，我并没有感到疲惫。为什么呢？因为我很激动、兴奋。我有很高的成就感：六条大鳟鱼。但是，如果我对钓鱼感到厌烦，那么你猜我会有什么感觉？在海拔 7 000 英尺的地方这样消耗体力，我肯定会筋疲力尽。

即使在爬山这样高强度的活动中，厌倦的情绪可能比繁重的体力支出更让你疲惫。来自明尼阿波利斯农商银行的总裁金曼先生告诉我的一件事很好地说明了这一点。1953 年 7 月，加拿大政府要求高山俱乐部提供向导，对威尔士王子的骑警队进行登山训练，金曼先生是被选来训练这些士兵的向导之一。他告诉我，他和其他向导的年龄从 42 岁到 59 岁不等，他们带领这些年轻的军人长途跋涉，穿越冰川和雪原，在攀登 40 英尺高的绝壁时必须用绳索，找那些窄窄的、靠不住的岩石断面蹬脚。他们攀登了迈克尔峰、副总统峰以及加拿大落基山脉小尤霍谷的其他无名山峰。爬了 15 个小时之后，这些刚刚完成了为期六周艰苦的特种兵训练，并处于最佳状态的年轻人已经筋疲力尽。

他们的疲劳是因为特种兵训练当中没有锻炼肌肉吗？不是的，任何经历过特种兵训练的人都会对这样一个荒唐的问题嗤之以鼻。他们筋疲力尽是因为他们对爬山感到厌烦。他们太累了，许多人不等吃饭就睡着了。那些向导的年龄是士兵年龄的两三倍，他们累吗？累，但并没累坏。他们吃晚饭，聊白天的经历，几个小时以后才睡。他们并没有筋疲力尽，因为他们对爬山有兴趣。

当哥伦比亚大学的爱德华·桑代克博士在进行有关疲劳的实验时，通过让年轻人不断从事感兴趣的事，使他们将近一周都保持着清醒状态。据报道，桑代克博士在经过大量研究后说："厌倦是导致工作表现下降的唯一真正原因。"

如果你是一个脑力劳动者，基本上不会因为你所做的工作的数量而感到疲劳，却可能会因为你没有做的工作的数量而感到疲倦。例如，回想上周某一天，你时不时被打断，结果该回的信没有回，约好的见面也取消，麻烦哪儿哪儿都有，那天一切都不对劲。你什么也没完成，但回家时却精疲力竭，头痛欲裂。

第二天，一切都很顺利，哪怕你完成的工作比前一天多 40 倍，你回家时却像一朵雪白的栀子花一样生气勃勃。你一定有过这样的经历，我也有。

我们要吸取的教训是什么？教训就是，我们的疲劳往往不是由工作引起的，而是由担心、沮丧和怨恨引起的。

在写这一章的时候，我去看了重新上演的杰罗姆·克恩的经典音乐喜剧《表演之船》，其中棉花号的安迪船长在他的一个过场里说了一句富有哲思的话：“幸运的人是那些能做他们喜欢做的事情的人。”这样的人是幸运的，因为他们有更多的精力和快乐，更少的烦恼和的疲劳。你的兴趣在哪里，你的精力就在哪里。和一个唠叨的妻子或丈夫一起走过 10 个路口，可能比和一个你爱慕的恋人走过 10 英里更累。

既然如此，你能做什么呢？让我们来看看这个速记员的做法，她在俄克拉何马州塔尔萨的一家石油公司工作。每个月都有几天，她要干一种你可以想象的最无聊的工作：填写石油租赁交易的报表，填入数字和统计数据。这项工作是那么枯燥，让她决心把它变得有趣。她怎么做？她每天和自己比赛，数一下早上自己填好的报表数量，然后在下午尽力超越这个记录。她也会算每天的总数，并努力在第二天做得更好。结果呢？她很快就能比她所在部门的其他速记员填写更多这些枯燥的报表。这一切让她得到了什么？表扬？没有。感谢？没有。升职？不。加薪？没有。但它确实有助于防止因厌倦而产生的疲劳，确实给了她一种精神上的兴奋感。因为她尽力使一份枯燥的工作变得有趣，所以她有更多的精力、更多的热情，休闲时间也能获得更多的快乐。我知道这个故事是真的，因为我娶了这个女孩。

下面是另一个速记员的故事，她发现，假装自己的工作很有趣是有好处的。她过去经常和她的工作较劲，但现在不了。她是瓦莉·戈登，她住在伊利诺伊州埃姆赫斯特市。以下的故事是她写信告诉我的。

“我的办公室里有四名速记员，我们每个人都被分配去处理几个人的信件，偶尔我们也会被这些任务困住。有一天，一位部门助理主管坚持要我把一封长信重打一遍，我不愿意。我努力向他指出，这封信可以改，不用重新打。可他回击我说，如果我不重做，他就会找别人来做！我当时很生气，但当我开始重打这封信时，我突然想到，还有很多人抓住机会顶替我。而且，我做这项工作是挣工资的。我开始感觉好些了，并下定决心，尽管我不喜欢这项工作，我也要表现得好像我真的喜欢它。然后我有了一个重要的发现：如果我工作时表现得好像我真的喜欢做，那么我确实会喜欢它。我还发现，当我喜欢我的工作时，我可以做得更快，所以我现在很少需要加班。我的这种新态度也为我赢得了好员工的声誉，当部门的主管需要一个私人秘书时，他会叫我来做，他说这是因为我愿意做额外的工作而不会生闷气！这种因心情改变而产生的作用，对我来说是一个极其重要的发现。它创造了奇迹！”

瓦莉·戈登小姐也许没有意识到，她正在使用汉斯·瓦依辛格教授倡导的著名的“好像”原则，他教导当我们表现得“好像”我们是快乐的，威廉·詹姆斯告诉我们“假装”勇敢就会真的变勇敢，“假装”快乐就会真的变快乐，如此等等。

如果你“假装”对你的工作感兴趣，这将使你真的产生对工作的兴趣，也将有助于减少你的疲劳、紧张和忧虑。

几年前，哈兰·霍华德做了一个完全改变了他的生活的决定，他决心使一份枯燥的工作变得有趣。他的工作确实枯燥：当其他男孩在打球或和逗女孩笑时，他在高中的食堂里洗盘子、擦柜台、卖冰激凌。哈兰·霍华德看不起自己的工作，可又不得不坚持下去，于是他决心研究冰激凌是如何制作的，有什么成分，为什么有些冰激凌更好吃。他研究了冰激凌的化学成分，结果成为高中化学的佼佼者，并对食品化学产生了浓厚的兴趣。后来，他进入马萨诸塞州立大学，主修食品技术专业。一次，纽约可可交易所面全国大学生举办了以可可和巧克力的用途为题的征文大赛，并提供了3 100美元的资金，你认为谁会赢得这个比赛？没错，就是哈兰·霍华德。

工作难找，于是哈兰·霍华德在马萨诸塞州阿默斯特市家中的地下室开了一个私人实验室。此后不久，一项新的法律通过，要求牛奶中的细菌含量必须被计算出来。哈兰·霍华德就为阿默斯特的14家牛奶公司计算细菌含量，而且他还雇了两名助手。

25年后他会怎么样呢？现在经营食品化学业务的人届时将退休，或者已经过世，他们的位置将被更有朝气和热忱的年轻小伙子们取代。25年后，哈兰·霍华德可能会成为其行业的领导者之一，而曾经在学校餐厅向他买冰激凌的一些同学则可能会失业，咒骂政府，抱怨他们从来没有机会。如果哈兰·霍华德当初没有下决心让一份枯燥的工作变得有趣，他可能永远都没有机会成功。

几年前，还有一个年轻人，他对自己在工厂里站在车床前生产螺栓的枯燥工作感到厌烦，他的名字叫山姆。他想辞职，但他担心自己找不到其他工作。既然他不得不做这种枯燥的工作，山姆决定让它变得有趣，于是他和旁边操作机器的技工进行了一场比赛。他们中的一个人要打磨机器上的粗糙表面，另一个人要把螺栓修到合适的尺寸。他们会偶尔交换机器，看谁能生产出更多的螺栓。工头对山姆的生产速度和质量印象深刻，很快就给了他一份更好的工作，这只是一连串晋升的开始。30 年后，山姆已经成为鲍德温机车厂的总裁。但是，如果他没有决心使一份枯燥的工作变得有趣，他可能一辈子都是一名技工。

卡尔滕博恩是著名的广播新闻评论员，他曾经告诉我，他是如何让一份枯燥的工作变得有趣的。在他 22 岁的时候，他在一艘横渡大西洋的牲口运输船上给牛喂食喂水。之后，他骑自行车游览了英国，接着他到达了巴黎，他饥肠辘辘、身无分文。他把相机典当了五美元，在《纽约先驱报》的巴黎版上刊登了一则求职广告，找到了一份销售立体幻灯机的工作。如果你年过 40，也许会记得那些老式的立体镜，当你把两张一模一样的照片举到眼前，放到镜子上时，一个奇迹发生了，立体镜中的两个镜头将两张照片转化为一个具有三维效果的单一图片，可以看出前后距离，产生了非常真实的立体感。

当卡尔滕博恩开始在巴黎挨家挨户地推销这类机器时，他不会说法语，但他第一年就赚到了 5 000 美元的佣金，成为当年法国收入最高的推销员之一。卡尔滕博恩告诉我，这段经历对他走向成功的能力的培养不亚于在哈佛大学学习一年。他亲口告诉我，从那之后，他觉得他甚至可以把《美国国会议事记录》卖给法国家庭主妇。

那次经历使他对法国人的生活有了深入的了解，后来，他成了广播新闻评论员，评论欧洲事件时，这种了解是非常有用的。

卡尔滕博恩不会说法语，那他是用什么办法成为一名专业推销员的呢？是这样的，他让他的雇主用法语写出销售话术，然后把它背下来。当他按下门铃，一个家庭主妇应声而来时，卡尔滕博恩就开始用滑稽的口音重复他背过的销售话术。他给主妇看他的照片，当她问问题时，他会耸耸肩说："我是一个美国人……一个美国人。"然后他会摘下帽子，指着他贴在帽子顶上的一份用法语编写的销售话术。这时家庭主妇会笑，他也会笑，然后给她看更多的照片。当卡尔滕博恩告诉我这件事时，他承认这项工作远非易事。他告诉我，只有一种信念使他坚持下来：使工作变得有趣。每天早上出发前，他都会照照镜子，给自己打气说："卡尔滕博恩，如果你想吃东西，你就必须这样做。既然你必须这样做，为什么不在做的时候找点乐子呢？为什么不在每次按门铃时，想象自己是舞台上的演员，下面的观众在看着你呢？毕竟，你正在做的事和舞台上的事一样有趣，所以为什么不投入大量的兴趣和热情呢？"

卡尔滕博恩先生告诉我，这些每天给自己打气的话帮助他把曾经讨厌和害怕的工作变成了他喜欢的，并让他获得了高额的利润。

当我问卡尔滕博恩先生，他对那些渴望成功的美国年轻人有什么建议时，他说："每天早上拍一拍自己。我们经常谈论体育锻炼的重要性，早上锻炼使我们很快从半睡眠的状态中清醒。但我们更需要每天早上进行一些精神和思想的锻炼，以激发我们的行动。每天说一些给自己打气的话吧。"

每天给自己打气是愚蠢的、肤浅的、幼稚的吗？不，恰恰相反，它是心理学的精髓。"我们的人生是思想的产物。"这句话是 1 800 年前马可 · 奥勒留在他的《沉思录》中写下的，在今天一样正确。

通过每天给自己打气，你可以更勇敢、更幸福、更坚强。感恩生命中美好的事，你的心态会更积极向上，乐观阳光。

通过转变心态和想法，你可以使工作不那么令人讨厌。你的老板希望你对工作感兴趣，这样他就能赚更多的钱。但我们别去管老板想要什么，只想一想对工作感兴趣会给你带来什么。提醒自己，这可能会使你从生活中得到的幸福感加倍，因为你大约有一半的清醒时间是在工作中度过的，如果你在工作中找不到幸福感，你可能在任何地方都找不到。不断提醒自己，对工作感兴趣会让你忘掉忧虑，而且，从长远来看，这可能会带来升职和加薪。即使不能做到这一点，它也能将疲劳减少到最低限度，并帮助你享受你的休闲时光。

6. 担心失眠比失眠本身更危险

你在睡不好的时候会忧虑吗？那么你可能不知道，著名的国际律师塞缪尔·翁特迈尔一生中从未睡过一个安稳觉。

塞缪尔·翁特迈尔上大学的时候，他担忧的是哮喘和失眠。他似乎无法治愈这两种疾病中的任何一种，所以他决定退而求其次——好好利用他的清醒状态。他不再因失眠而辗转反侧，担心自己会崩溃，而是起床学习。结果呢？他在所有的课上都取得了优异的成绩，并成为纽约市立大学的天才之一。

即使在他开始从事法律工作后，他还是失眠，但翁特迈尔并不担心，他说："上天会照顾我的。"上天确实照顾他，尽管他的睡眠时间很少，但他的健康状况保持得很好，他能够像纽约律师协会中的所有年轻律师一样高强度工作。他甚至更努力，因为他在别人睡觉的时候工作！

塞缪尔·翁特迈尔在 21 岁时年收入就达到了 75 000 美元，其他年轻律师也纷纷到法庭向他学习。1931 年，他因处理一个案件而获得了可能是当时最高的律师费——100 万美元现金。

但他仍然失眠，半个晚上都在读书，早上5点起床，开始写信。当大多数人刚刚开始工作的时候，他一天的工作几乎已经完成了一半。这个很少能睡个安稳觉的人活到了81岁，如果他为自己的失眠而烦恼和担心，他可能早就毁掉了自己的生活。

我们一生中有1/3的时间在睡觉，然而没有人知道睡眠到底是怎么回事。我们知道它是一种习惯，是一种休息状态，在这种状态下，我们被白日扰乱的身体状态得到修复，但我们不知道每个人需要多少个小时的睡眠，我们甚至不知道我们是不是一定要睡觉！

很神奇吗？在第一次世界大战期间，匈牙利士兵保罗·克恩的大脑额叶被子弹打穿了。虽然后来他的伤养好了，但奇怪的是，他无法入睡了。医生尝试了各种镇静剂和麻醉剂，甚至催眠术，但无论怎么做，保罗·克恩都无法入睡，甚至感觉不到困。

医生们说他活不了多久，但他不信邪。他找了一份工作，健康地生活了很多年。他也会闭目养神，但他再没有睡过觉。他的病例是一个医学之谜，打破了许多我们关于睡眠的看法。

有些人需要的睡眠比其他人多得多。托斯卡尼尼每晚只需要睡五个小时，但卡尔文·柯立芝需要的睡眠时间却翻倍了，他每24小时要睡11个小时。换句话说，托斯卡尼尼大约睡掉了他生命的1/5，而柯立芝几乎睡掉了他生命中的一半。

担忧失眠会比失眠本身对你的伤害大得多。例如，我的一个学生艾拉·桑德纳住在新泽西州里奇菲尔德公园的欧瓦佩克大道173号，差点因长期失眠而自杀。“我真的以为我快要疯了，”艾拉·桑德纳告诉我，“一开始，我睡得很沉，闹钟响了也叫不醒，所以我早上上班经常迟到。我为此烦恼，我的老板警告我必须按时上班。我知道，如果我继续睡过头，我就会丢工作。

“我把这件事告诉了我的朋友们，其中一个人建议我在睡觉前把注意力全部集中在闹钟上。失眠就是这么开始的！我满脑子都是那个可恶的闹钟的嘀嗒声，它让我整晚都无法入睡，辗转反侧。当早晨到来时，我像病了一样，既疲惫又忧虑。这种情况一直持续了八个星期，我无法形容我所遭受的折磨，我确信我快要疯了。有时我起来，一连几个小时在房间里踱来踱去，我真的考虑过从窗户跳出去，结束这一切。

“最后我去找了一个我从小就认识的医生，他说：‘艾拉，我帮不了你，没有人可以帮助你，因为这是你自己造成的。晚上照常上床睡觉，如果你不能入睡，别去管它，就对自己说，如果我不能入睡，我也不在乎。如果我醒着躺到天亮，也无所谓。闭上你的眼睛说，只要我静静地躺着，就不要担心，无论如何我都会得到休息。’

“我这样做了，”桑德纳说，“2 个星期后，我可以倒头就睡。不到 1 个月，我就又能睡 8 个小时了，我的精神也恢复了正常。”

把艾拉·桑德纳折腾得要寻死的并不是失眠，而是他对失眠的忧虑。

芝加哥大学教授纳撒尼尔·克莱特曼对睡眠的研究比同时代的其他人都深，作为睡眠专家，他宣称自己从未见过有人死于失眠。可以肯定，一个人可能会因为担心失眠，导致他的抵抗力下降，被病菌打垮。造成伤害的是忧虑，而不是失眠本身。

克莱特曼博士还说，担心失眠的人睡的通常比他们意识到的要多得多。肯定地说“我昨晚没睡过一觉”的人可能不知道他已经不知不觉地睡了好几个小时。例如，19 世纪著名的思想家赫伯特·斯宾塞是一个老单身汉，他住在一个宿舍里，大家都听腻了他说自己失眠。他有时用耳塞堵在耳朵里防止噪音，使他的精神平静下来，他甚至还吃精神类药物，好尽快睡着。

有一天晚上，他和牛津大学的赛斯教授在同住一家酒店一个房间。第二天早上，斯宾塞觉他整晚都没有睡。实际上是赛斯教授彻底未眠，他整晚都被斯宾塞的鼾声吵得睡不着。

一夜安眠的第一个必要条件是安全感，我们需要感觉到某种比自己更强大的力量会照顾我们到天亮。大西岭精神病院的托马斯·希斯洛普博士在英国医学协会的一次演讲中强调了这一点，他说：“我多年的实践经验告诉我，祈祷是产生睡意最好的药剂之一，我纯粹是从一个医务人员的角度这样说。那些习惯祈祷的人一定认为祈祷活动可以安抚心灵、平静心态。”

“把自己托付给上天，让自己放松。”

珍妮特·麦克唐纳告诉我，当她情绪低落、忧虑、难以入睡时，她总能通过反复默念《诗篇》中的第 23 首来获得安全感：“耶和华是我的牧者，我必不至缺乏。他使我躺卧在青草地上，领我在可安歇的水边……”

但是，如果你不信教，就只能选择其他方式，学习放松身体吧。大卫·哈罗德·芬克博士写了《从神经紧张中释放出来》一书，他说做到这一点的最好方法是和你的身体沟通。根据芬克博士的说法，语言是各种催眠的关键，你一直无法入睡是因为你已经对自己说“我得了失眠症”，因此想从失眠的状态中解脱出来，就需要解除对自己的催眠，你可以对你身体的肌肉说：“放松，放松，放松。”我们已经知道，当肌肉紧张时，大脑和神经是无法放松的，所以如果我们想入睡，就要从放松肌肉开始。芬克博士下面的建议已经被实践证明是有效的，就是我们在膝盖下放一个枕头来缓解腿部肌肉的紧张。同样地，我们也可以在胳膊下塞一个小枕头，然后放松下巴、眼睛、胳膊和腿部，我们在不知不觉中睡着。我已经试过了，知道这样做有效。如果你也有睡眠障碍，可以阅读劳克博士的这本书，这是我读过的唯一一本既有趣又有效的失眠治疗手册。

治疗失眠另一个方法就是通过园艺、游泳、网球、高尔夫、滑雪等消耗体力的劳动使自己的身体感觉劳累。这就是西奥多·德莱塞的做法，当他还年轻，还在为写作苦苦挣扎时，曾担心失眠，所以他找了一份工作，在纽约中央铁路的一个路段上干活，在持续了一天到晚打钉子和铲碎石之后，他非常疲惫，等不到吃晚饭就想睡觉了。

如果我们足够劳累，甚至走路时也能睡着。举个例子，我13岁时，我父亲要运一车肥猪到密苏里州的圣乔，因为他得到了两张免费的铁路通行证，他就带着我一起去。在那之前，我从未到过一个人口超过4 000的城镇，而圣乔的人口是6万，我兴奋极了。我看到了六层的高楼，还有一辆有轨电车，这简直是奇迹。在经历了我生命中最激动的一天之后，父亲和我坐火车回到了密苏里州的拉文伍德，凌晨两点下车后，我们还要走4英里路回到农场。故事的重点是，我非常疲惫，竟然边走边睡，甚至还做了梦。我在马背上睡着好几次！

当人们筋疲力尽时，他们可以在战争的隆隆炮声和恐怖危险中睡觉。著名的神经学家福斯特·肯尼迪博士告诉我，他在1918年英国第五军撤退过程中看到士兵们疲惫不堪，他们一倒在地上就陷入了像昏迷一样的睡眠。当他用手指翻开他们的眼皮时，他们甚至没有醒过来。他还注意到这些人的眼球无一例外地都在眼眶里向上翻。

“从那之后，”肯尼迪博士说，“当我失眠时，我会将眼球上翻到这个位置，我发现几秒钟后我就会开始打哈欠，觉得困。这是一种自然反应，我无法控制。”

从来没有人因为拒绝睡觉而自杀，也没有人会这样做。本能会迫使一个人去睡觉，哪怕他用尽所有的意志力也抵抗不了。我们可以拒绝饮食，但无法抗拒睡眠。

说到自杀，我想起了亨利·林克博士在他的书《人类的再发现》中描述的一个案例。林克博士是心理公司的副总裁，他采访了许多忧虑和抑郁的人。在“关于克服恐惧和忧虑”一章中，他讲述了一个想自杀的病人。林克医生知道争论只会使事情变得更糟，所以他对这个人说：“如果你无论如何要自杀，你至少可以死得像个英雄。绕着街区跑，直到累死为止吧。”

这个人果然去试了，还不止一次，而是好几次。每次他都感觉好受了一些，即使身体上没有感觉，心里也是有的。到了第三天晚上，他达到了林克博士想要的效果，就是他的身体非常疲惫（而且非常放松），他睡得像个木头。后来他加入了一个体育俱乐部，并开始参加竞技运动。很快他就感觉非常好并想永远活下去了！

因此，要想不为失眠担忧，这里有五个建议：

1. **如果你睡不着，就像塞缪尔·翁特迈尔那样做，起床工作或阅读，直到你确实感到困倦。**
2. **记住，担忧失眠会比失眠本身造成的伤害大得多。**
3. **尝试祈祷，或者像珍妮特·麦克唐纳那样，反复默念《诗篇》第23首。**
4. **放松你的身体。**
5. **做运动，让自己筋疲力尽，你不可能不入睡。**

小　结

常保活力无忧的六大法则

- 建议 1　好好休息，抽空小睡
- 建议 2　放松，再放松
- 建议 3　向他人倾诉你的烦恼
- 建议 4　用好的工作习惯保证高效工作
- 建议 5　提升正能量，转化消极情绪
- 建议 6　担心失眠比失眠本身更危险

PART 8

第八部分

不为工作忧虑

——正确选择你的职业之路

找到能让你快乐且成功的工作

（本章是为那些还没找到自己想做的工作的年轻男女而写的，如果你属于这一类，阅读本章可能会对你今后的人生产生深远的影响。）

如果你未满 18 岁，你可能很快就要做出你人生中非常重要的两个决定，这两个决定将深刻地改变你的未来，可能对你的幸福、收入、健康产生深远的影响。这些决定可能使你成功或失败。

这两个重大决定是什么？

1. 你打算如何谋生？你是要做农夫、邮递员、化学家、护林员、速记员、马匹交易商、大学教授，还是要经营一个汉堡包的摊位？

2. 你打算选择谁来做你孩子的父亲或母亲？

这两个重大决定往往是在赌博。哈利 · 爱默生 · 福斯迪克在他的书《坚持到底的力量》中写道："每个男孩在选择职业时都是一个赌徒，他必须押上自己的人生。"

你选择职业时怎样才能少一点风险呢？请继续阅读，我将尽可能地告诉你。

首先，如果可能的话，尝试找你喜欢做的工作。我曾经采访过轮胎制造商古德里奇公司的董事会主席大卫·古德里奇，问他认为取得商业成功的首要条件是什么，他回答说："在你的工作中获得快乐。如果你喜欢你正在做的事情，你可能工作很长时间都不会累，因为比起工作，你更像是在玩。"

爱迪生是这方面的一个好例子。这个没上过学的报童，长大后却改变了美国工业时代的生活，他经常在实验室里吃饭和睡觉，每天在那里工作 18 个小时。但对他来说，这并不是辛苦劳作。"我这辈子从来没工作过一天，"他叹道，"一切都是玩乐。"

难怪他成功了！

我曾经听查尔斯·施瓦布说过同样的话，他说："一个人几乎可以在任何事情上取得成功，只要他对那件事有无限热忱。"

但是，当你对自己想做的事情一无所知时，你怎么可能对这份工作有热忱呢？埃德娜·克尔夫人曾经为杜邦公司雇用过数千名员工，她现在是美国家庭用品公司的工业关系部副部长。她对我说："我所知道的最大悲剧就是这么多年轻人从未发现他们真正想做什么。我认为没有人比那些在工作中除了工资以外什么都得不到的人更可怜。"据克尔夫人说，即使大学毕业生也会对她说："我有达特茅斯大学的学士学位（或康奈尔大学的硕士学位），有什么可以让我为贵公司做的工作吗？"他们自己都不知道他们能做什么，甚至不知道自己想做什么，难怪有那么多男男女女在人生之初就拥有聪明的头脑和美好的梦想，但到了 40 岁却碌碌无为泯然众人矣。其实，找到正确的职业对你的健康也很重要。约翰霍普金斯大学的雷蒙德·珀尔博士与保险公司一起研究使人长寿的因素时，他把“正确的职业”列为最重要因素。他可能会引用托马斯·卡莱尔的话说：“找到属于他的工作的人是有福的。他们无须再求其他的福气。”

最近，我与斯科尼 - 真空石油公司的就业主管保罗·博因顿聊过一个晚上。在过去 20 年里，他已经面试了超过 7.5 万名找工作的人，他还写了一本题为《获得工作的六种方法》的书。我问他：“如今年轻人在找工作时犯的最大错误是什么？”他回答说：“他们不知道自己想做什么。选一套衣服花的时间，竟然比选择职业花的时间还多，这太令人震惊了。衣服几年后就会穿坏，职业却是他的未来整个人生的依靠，也将承载他未来的幸福和心灵的安定！”

既然如此，你能做什么呢？你可以向一种叫作就业指导的机构寻求帮助，它也许能帮到你，也可能会带来伤害，这取决于你咨询的顾问的能力和性格。这个新兴行业还远没有达到完美的程度，甚至还没有成熟的模式，但它有一个美好的未来。你怎样才能获利他们的帮助呢？你可以找找你的社区里面什么地方可以提供职业测试和职业建议。

这些建议仅供参考，决定必须由你来做。请记住，这些顾问的建议并非完美，他们也并不总是相互认同，有时也会犯可笑的错误。例如，一位职业顾问建议我的一个学生成为一名作家，只因为她的词汇量很大。多么荒唐啊！事情并没有那么简单，好的作者能把思想和情感传递给读者，要做到这一点，不需要大量的词汇，但需要创意、经验、信念、实例和激情。那位就业顾问建议这个词汇量大的女孩成为作家，只会把一个快乐的速记员变成了一个沮丧的准作家。

我想说的是，就业指导专家就像你我一样，并非绝对可靠的。你最好多咨询几个人，然后从常识的角度来判断。

你可能认为我在一本专门讨论忧虑的书中加入这样一章是很奇怪的，但当你了解到我们的忧虑、遗憾和挫折大多是由我们的工作引发的，你就会发现这一点儿也不奇怪。不信的话就去问问你的父亲、你的邻居或者你的老板吧。约翰·斯图亚特·米尔宣称，选错职业是“社会最严重的损失之一”。是的，这个世界上最不快乐的人当中就有那些讨厌他们日常工作的“职业错配者”！

你知道在军队中哪种人最容易精神崩溃吗？就是那些被错派岗位的人！我说的不是战斗中的伤兵，而是那些在正常服役的人。威廉·门宁格博士是在世的最卓越的精神病学家之一，他在战争期间负责陆军的神经精神病学部门，他说：“我们在陆军中了解到选拔和安排岗位的重要性，要把合适的人放在合适的工作岗位上……让他们相信手头工作是极其重要的。如果一个人对手头的工作没有兴趣，如果他觉得自己没被安排在合适的岗位，如果他认为自己不被赏识，如果他认为自己的才能被用错了地方，那么我们总会发现一个潜在的，甚至已经发作的精神病人。”

是的，出于同样的原因，一个人可能会在所从事的行业中精神崩溃，如果他看不起他做的工作，他就可能精神崩溃。

以菲尔·约翰逊的案例为例，他的父亲拥有一家洗衣店，所以叫儿子来工作，希望孩子能接管他的工作。但菲尔讨厌洗衣店，所以他磨磨蹭蹭，游手好闲，只做他必须做的事，不多做一丁点儿，甚至他还缺勤。他父亲非常伤心，认为儿子不思进取，没有抱负，着实让他在员工面前丢脸。

有一天，菲尔·约翰逊告诉他的父亲，他想成为一名技工，去一家机修店工作。什么？你要做回工人？老头子很震惊。但菲尔有他自己的想法。他穿着油腻的工作服，做的工作比洗衣店的要辛苦得多。

他工作的时间很长，可他却快乐地一边工作一边吹口哨！他学习了工程学，了解了发动机，摆弄各种机器。菲尔·约翰逊在1944年去世前，是波音飞机公司的总裁，该公司制造的飞行堡垒后来帮助美国赢得了战争。如果他留在洗衣店，在他父亲去世后，他和洗衣店会怎么样？我猜他会毁了那门生意。

即使冒着引发家庭纠纷的风险，我也想对年轻人说，不要因为你的家人希望你这样做而感觉自己必须进入某个行业！择业需尊重自己的意愿！但是，请仔细考虑你父母的建议，他们已经活了比你长一倍的时间，获得了只有从大量经验和长期岁月中才能获得的那种智慧。但是，归根结底，你才是做出最后决定的人。你才是那个将在工作中快乐或痛苦的人。

说到这里，让我给你以下关于选择工作的建议，也包括一些警告。

1. 阅读并研究以下关于选择就业指导顾问的五个建议，这些建议是权威可靠的，是由美国著名的就业指导专家之一，哥伦比亚大学的哈里·戴克斯特·基特森教授提出的。

- 不要去找那些说他有一个神奇的能力可以显示你的“职业能力”的人。这类人中有骨相师、占星师、性格分析师、笔迹专家。他们的“能力”并不起作用。
- 不要去找那些说他给你做一个测试，指出你应该选择什么职业的人。这样的人违反了职业顾问必须遵循的原则，就是要考虑到咨询者的身体、社会和经济条件，他应该根据咨询者可以选择的各种职业机会来提供服务。
- 要寻找一个拥有足够的职业信息资料，并在咨询过程中使用这些信息的就业顾问。
- 全面的就业指导服务一般需要一次以上的面谈。
- 千万不要接受以邮件方式进行的职业指导。

2. 远离那些竞争激烈的行业和职业！谋生的方式有成千上万种。但年轻人知道这些吗？不知道，除非他们雇了一个大师来算命。结果呢？在一所学校里，2/3 的男孩把他们的选择局限在五种职业，两万个职业中的五种，五分之四的女孩也是如此。难怪一些企业和行业人满为患，难怪白领阶层会有不安全感、忧虑和“焦虑神经症”！当你尝试挤进人满为患的法律、新闻、广播、电影等看起来光鲜亮丽的领域时，一定要小心。

3. 不要参与那些你只有十分之一的机会能赚钱谋生的工作。以推销人寿保险为例，每年都有成千上万的人，尤其是失业者，开始尝试推销人寿保险，他们事先根本不费心去了解他们可能会遇到什么！20年来，费城房地产信托大厦的富兰克林·贝特格先生是美国最出色的保险推销员之一，根据他的说法，在推销人寿保险的人当中，100个有90个在1年内就心灰意冷，放弃了这个工作。在剩下的10个当中，有1个人将卖出90%的保险，而其他9个人只卖出10%。换句话说，如果你开始推销人寿保险，你在12个月内失败并退出的可能性是90%，而你每年从中赚1万的机会只有1%。即使你继续做下去，也只有1/10的机会能够做到勉强糊口。

4. 如果有必要的话，在决定将你的人生投入一个行业之前，花几周甚至几个月的时间，尽可能地了解这个职业。怎么做？去拜访那些已经在该领域工作了10年、20年或40年的人士。

这可能会对你的未来产生深远的影响，我从自己的经验中知道了这一点。在我20出头的时候，我向两位年长的人寻求职业建议。现在回过头看，我发现那两次拜访是我职业生涯的转折点。确实，如果当初没有那两次拜访，我很难想象后来的生活会是什么样子。

你怎样才能获得就业指导机会？为了说明这一点，我们假设你正在考虑学做一名建筑师，在你做出决定之前，你应该花几周时间拜访你所在城市和邻近城市的建筑师。你可以从分类电话簿中获得他们的名字和地址，你可以打电话到他们的办公室，这不需要预约。如果你想预约，请给他们写这样的内容。

您能不能帮我一个小忙？我想听您的指导。我今年18岁，我正在考虑成为一名建筑师。在我下定决心之前，我想征求您的意见。

如果您太忙，不能在办公室见我，您可否给我一个机会，让我到您家拜访半小时？不胜感激！

以下是我想问您的问题清单：

a. 如果您的人生可以重来，您会不会再做一名建筑师？

b. 在您对我大致了解之后，我想问您，您是否觉得我具备成为一名成功的建筑师的条件？

c. 建筑行业是否人满为患？

d. 如果我学习建筑学四年，找工作是否困难？我一开始要做什么样的工作？

e. 如果我的能力一般，我在开始工作的五年里能赚多少钱？

f. 成为一名建筑师的优势和劣势是什么？

g. 如果我是您的儿子，您会建议我成为一名建筑师吗？

如果你胆子小，对独自面对“大人物”犹豫不决，这里有两个建议。

a. 找一个和你同龄的小伙子一起去，你们两个人将增强彼此的信心。如果你没有同龄人和你一起去，请你的父亲和你一起去。

b. 记住，你向他咨询，你是在对他表达敬意，他可能对你的请求感到荣幸。记住，成年人喜欢给年轻提供建议，那位建筑师可能会喜欢这次拜访。

如果你犹豫不决，不愿意写信预约，那么就在没有预约的情况下直接去你的办公室，告诉他，如果他能给你一点建议，你会非常感激。

假设你联络了五位建筑师，而他们都太忙了，不能见你（这不太可能），那么再联络五位。他们中总会有人见你并给你提供宝贵的建议，这些建议可能会帮你节省多年的时间，使你少走弯路。

请记住，你正在做你人生中非常重要、影响深远的两个决定之一。因此，在你采取行动之前，请花时间了解事实。如果你不这样做，你可能会后半辈子都在后悔。

如果你有能力，可以为这个人的半小时时间和建议付钱。

5. 走出你只适合一种职业的错误想法！每个人都可以在多个职业取得成功，每个人也可能在许多职业中失败。以我自己为例，如果我对以下行业进行研究和准备，我相信我很有可能取得一些小的成功，而且还能收获快乐。我指的是耕种、水果种植、科学农业、医药、销售、广告、报纸编辑、教学和林业等。我确信我在记账、会计、工程、经营旅馆或工厂、建筑、机械行业以及其他数百种活动中不会开心，也不会成功。

PART 9

第九部分

不为金钱忧虑

——学会理财，实现财富自由

理性消费，精打细算

如果我知道如何减轻每个人的财务压力，我就不会写这本书了，我就会坐在白宫里，在总统身边。但有一件事我现在可以做：我可以引述一些权威人士关于这个问题的看法，提出一些非常实用的建议，并推荐有益的书籍和小册子，给你更多指导。

根据《女士家庭杂志》的一项调查，我们所有的忧虑中有70% 是关于钱的。盖洛普民意调查机构的乔治·盖洛普说，他的研究显示，大多数人认为只要他们的收入增加 10%，他们就不会再有财务方面的担忧。这个想法在很多情况下是属实的，但它不属实的情况却多得超出人们的想象。例如，在撰写本章时，我采访了预算专家埃尔茜·斯泰普顿夫人，多年来，她为纽约华纳美克百货公司和金宝公司的顾客和员工提供财务咨询，她还作为个人顾问，帮助那些因钱财而烦恼的人。她帮助过各个收入阶层的人，从年收入不到 1 000 美元的搬运工到年收入 10 万美元的高管。她是这样告诉我的："获得更多的钱不是大多数人财务问题的解决方案。其实我经常看到这样的情况。收入增加的同时也带来了支出的增加，令人头疼。让大多数人担心的，不是他们没有足够的钱，而是他们不知道怎么花他们的钱！”（你对最后一句话嗤之以鼻，对吗？在你再次嗤之以鼻之前，请记住，斯泰普顿夫人并没有说所有人都是如此。她说的“大多数人”并没有指你，她指的是你的姐妹们和你的表亲们，算算也有几十个吧。）

很多读者会说：“我希望这个叫卡内基的人和我的收入一样，开支一样，也担负一样多的责任。如果他是这样，我打赌他说话的调调就会变了。”好吧，我也有过财务上的麻烦：我曾在密苏里州的玉米田和干草棚里每天工作 10 个小时，干艰苦的体力活儿，我当时的最大愿望就是摆脱身体劳累的疼痛。我在这艰苦的工作中得到的报酬不是每小时 1 美元，也不是 50 美分，甚至不是 10 美分。我每天工作 10 小时，每小时的报酬是 5 美分。

我尝过这一切的滋味：我在没有浴室和自来水的房子里生活了 20 年，在零下 15 华氏度（–26 摄氏度）的卧室里睡觉，为了节省 5 分钱的车费而步行好几英里，鞋底有洞，裤子后面有补丁。在餐馆菜单上点最便宜的菜；把裤子放在床垫下睡觉，因为没钱让裁缝熨衣服，我知道那是什么感觉。

即使在那些时候，我都能想办法从我的收入中存下几分钱，因为不这样做我就害怕。这一经历让我意识到，如果你我都渴望避免债务和财务之忧，我们就必须像一家公司那样制订一个花钱的计划，并按照这个计划执行，但我们大多数人都没有这样做。例如，我的好朋友，出版这本书的公司的总经理莱昂·希姆金，向我指出了许多人在金钱方面的一个奇怪的盲点。他告诉我他认识一个记账员，为公司工作时是一个数字天才，但处理个人财务时却让人不敢恭维……假设这个人在星期五中午拿到工资，下班后他走到街上，看到商店橱窗里的一件大衣让他心动，就会毫不犹豫买了它，一点也不去理会他还需要支付租金、电费和各种“固定”费用。他啥也不管，我在口袋里有现金，这才是最重要的。然而，这个人知道，如果他工作的公司以这种大大咧咧的方式开展业务，一定会破产。

这里需要考虑的是，管理金钱就像是做生意！你用你的钱做什么，的的确确是“你自己的生意”。

但是，管理金钱的原则是什么？我们如何开始制订预算和计划？这里有 11 条建议。

• 建议 1：

记录每一笔开支。

50 年前，当阿诺德 · 贝内特在伦敦立志成为一名小说家时，他很穷，很拮据。因此，他记录了自己每 6 便士的用途。他是纳闷他的钱哪去了吗？不，他知道。他非常喜欢这个做法，甚至在他变得富有、举世闻名并拥有私人游艇之后，他仍然保持着这个习惯。

老约翰 · 洛克菲勒也有一个账本，在晚上祈祷和上床之前他都会记账，为了清楚地知道自己的财务状况。

你我也一样，必须拿 1 个笔记本开始记账。记一辈子？不一定。预算专家建议我们至少记 1 个月，如果可能的话，记录 3 个月内我们花的每一分钱。这是为了给我们一个准确的记录，让我们知道我们的钱去了哪里，这样我们就可以制订一个预算。

你知道你的钱去了哪里吗？也许你知道，那你可是千里挑一的！斯泰普顿夫人告诉我，经常有人花几个小时讲自己怎么花钱，让她写在纸上，然后，当他们看到纸上的结果时，他们惊呼："我的钱是这样花的吗？"他们几乎无法相信。你也像他们这样吗？可能是。

• 建议 2：

制订真正适合自己的预算。

斯泰普顿夫人告诉我，假设两个家庭并排住在同一个郊区同样的房子里，家里有相同数量的孩子，收入也相同，但他们的预算可能截然不同。为什么？因为人是不同的。她说，预算必须根据各人的不同情况制订。

制订预算不等于把生活中的所有乐趣都挤掉，其目的是给我们一种物质上的安全感，这在许多情况下意味着精神上的安全和放松。"按预算生活的人，"斯泰普顿夫人告诉我，"是更快乐的人。"

可你如何去做呢？首先，正如我所说，你必须列出所有的开支。然后去征求意见，在许多人口两万以上的城市都有家庭福利协会，他们很乐意就财务问题给你提供免费建议，并帮助你制订适合你收入的预算。

• 建议 3：

学习理智地消费。

我的意思是，学会明智地花钱，让消费得到最大的价值。所有的大公司都有专业的采购员和采购代理，他们的唯一工作就是为公司买到最划算的东西。作为你个人财产的拥有者，你为什么不这样做呢？

• 建议 4：

不要随着收入增加而过度消费。

斯泰普顿夫人告诉我，她最害怕给年收入 5 000 美元的家庭做预算咨询。我问她为什么，她说："因为对大多数美国家庭来说，一年 5 000 美元似乎是一个目标。他们可能会理智地、明智地过很多年，然后当他们的收入上升到每年 5 000 美元时，他们认为他们已经实现目标了。于是他们开始大肆消费，比如在郊区买房子，'这并不比租公寓贵多少啊'，再买一辆车、买新家具、新衣服。你很快就会发现，他们有了财务赤字，钱花超了。他们没有以前那么幸福了，因为他们在收入增加的情况下想买的太多，这让他们陷入了困境。"

这是很自然的，我们都想过更好的生活，但从长远来看，强迫自己在紧张的预算内生活，或者接到催款信，被债权人找上门，哪种方式会给我们带来更多幸福？

• 建议 5：

尽量不要借钱、贷款。

当你面临紧急情况，发现你必须借钱应对，人寿保险单、国防债券和定期存款都是你的可用资源。但是，仍需要确保你的保险合同有储蓄功能，因为这意味着有它现金价值。某些类型的保险叫作“定期保险”，它们只在一定时期内为你提供保障，并没有储蓄功能。这些保险显然对你借款没有用处，因此，我的建议是，在你签署保单合同之前问清楚。要弄清楚它是否有现金价值，以备应对需要筹集资金的情况。

现在，假设你没有可以借贷的保险，也没有任何债券，但你拥有一栋房子，或一辆汽车，或一些其他类型的抵押品，你到哪里去借？当然是去银行了。遍布这个国家的银行都受到严格的监管，他们在社区中有声誉，并且他们收取的利率是由法律严格规定的，所以他们会公平地与你交易。通常，如果你陷入财务困境，银行会与你商讨对策，制订计划，并帮助你解决你的忧虑和债务问题。我再说一遍，如果你有抵押品，就去找银行吧！

然而，如果你既没有抵押品，也没有任何财产，除了你的工钱或薪水，没有任何东西可以提供担保，那么，请你像珍惜自己的生命一样郑重接受这个警告：不要，千万不要向你在报纸上看到的任何一家广告做得诱人的“贷款公司”提出申请。从他们的广告来看，这些人就像圣诞老人一样慷慨。你千万不要相信！虽然有一些公司是有职业道德的、诚实守法的，他们帮助那些面临疾病或在紧急情况下而不得不筹集资金的人。但他们收取的利息比银行高，他们必须这样做，因为他们承担的风险更大，集资的成本更高。但是，在与任何贷款公司接洽之前，请到你的银行，找一位有经验的业务人员，请他推荐一家他觉得做事公平的贷款公司。如果你不这么做，我不想吓唬你，但可能会发生下面这种情况。

有一次，明尼阿波利斯的一家报纸对贷款公司进行了调查，据说这些公司是在拉塞尔·塞奇基金会的规章下运作的。我认识一个参与该调查的人，他叫道格拉斯·勒顿，现在是《你的生活》杂志的编辑。道格拉斯·勒顿告诉我，贫困阶层的债务人遭受的虐待让他汗毛倒竖。开始时只有 50 美元的贷款，因为利滚利，在偿还之前就已经翻倍到三四百美元。为了还款，债务人工钱被扣，而且经常发生的是，债务人被公司解雇。很多时候，当这个人无力还款时，放高利贷的人就会派一个评估师到他家里给他的家具估值，然后把他的家扫荡一空！有的人已经还了四五年的小额贷款，但仍然欠钱！你以为这只是个案？道格拉斯·勒顿说："我们的调查行动导致法院受理了一大批这类案件，法官们都为之头疼，报社不得不成立一个仲裁办公室来处理这几百个案件。"

这种事情怎么可能发生呢？当然是因为各种隐性收费和额外的"法律费用"。在与贷款公司打交道时，要记住一条建议：如果你绝对确定，你能迅速把钱还清，那么你的利息就会很低，或相当低，你的贷款会轻松了结。但是，如果你只能一次又一次的续借，并且一直续借，那么你的利息就会增加到让爱因斯坦都感到头晕的数字。道格拉斯·勒顿告诉我，在某些情况下，这些额外的费用将使原来的债务膨胀到2 000%，大约是银行收取的500倍！

• 建议6：

预防疾病、火灾和紧急情况带来的影响。

针对各种意外、不幸和想得到的紧急情况，都可以购买小额保险。我并不是建议你为在浴缸里滑倒或感染风疹等小事投保，但我确实建议你投保以使自己免受那些意外的影响，你知道意外可能会让你花钱，它们也会让你烦恼。相比之下，保险的价格还算便宜。

例如，我认识一个女人，她去年不得不在医院住了10天，出来后，她只需要付8美元！为什么会这样？因为她有医疗保险。

• 建议7：

不要把手头的积蓄一下子花光。

如果你购买人寿保险是为了在你去世后供养你的家人，我建议你不要让保险公司以现金的方式一次性支付给你的家人。

“多了大笔钱的新寡”会遇到什么情况？马里恩·埃伯里夫人可以回答这个问题，她是纽约市东42街60号的人寿保险研究所女性部的负责人。她在美国各地的妇女俱乐部演讲，传授智慧，她将使用人寿保险的收益为寡妇购买可以在未来一直领取的收入，而不是一次性支付全部现金。她告诉我，有一个寡妇收到了 2 万美元的现金，她把钱借给了她的儿子做汽车配件生意。但是谁知生意失败了，她现在一贫如洗。另一个寡妇被一个花言巧语的房地产推销员说服，把她的大部分人寿保险收益放在了一个“肯定会在一年内价值翻倍”的空地上。可 3 年后，她以买价的 1/10 出售了这些土地。还有一位寡妇不得不申请儿童福利协会的补助金以帮助她抚养孩子，而在 12 个月前，她刚得到 1.5 万美元的人寿保险收益。类似的悲剧成千上万。

“如果妇女手中有 2.5 万美元，那么平均不到 7 年就会被花完。”这句话是《纽约邮报》的财务编辑西尔维娅·波特在《妇女家庭杂志》上说的。

几年前，《星期六晚报》在一篇社论中写道：“众所周知，一位既没有受过商业训练也没有银行家建议的普通寡妇，很轻易就会被一个接近她的花言巧语的推销员说服，然后用她丈夫的人寿保险收益金购买投机性的股票。任何律师或银行家都可以举出十多个案例，在这些案例中，一个省吃俭用多年的人在去世后积蓄被扫个精光，这仅仅是因为他的遗孀或孩子相信了某个花言巧语的骗子。”

如果你怕发生意外，想为你的妻儿提供保障，为什么不向有史以来最聪明的金融家·摩根学习？他在遗嘱中把钱留给了 16 个主要遗产受益人，其中 12 位是女性。他给这些妇女留下的是现金吗？不，是信托基金，确保这些妇女每月都有收入。

• 建议 8：

教导孩子学会存钱。

我永远忘不了我曾经在《你的生活》杂志上看到的一个观点。作者斯黛拉·维斯顿·特尔托描述了她如何教育她的小女儿建立对金钱的责任感。她从银行拿到一本支票簿，并把它交给 9 岁的女儿。当女儿拿到每周的零用钱时就把钱“存入”母亲那里，母亲充当孩子的银行。然后，每当女儿想要用钱时，哪怕只是一两分，她都需要“开一张支票”从母亲那里取钱，并记录自己还剩下多少钱。小女孩不仅从中找到了乐趣，而且还学习了怎样对自己的钱负责。

这个方法棒极了，如果你也有一个正在上学的儿子或女儿，并且你想让这个孩子学会怎样管理金钱，你可以考虑这个方法。

• 建议 9：

如果有必要，

可以做副业赚点外快。

如果你制订好预算之后，仍然发现你没有足够的钱来维持生计，那么你有两个选择：你可以责骂、焦虑、担心和抱怨，或者你可以计划做副业赚一点外快。怎么做？你需要做的就是找到一个供不应求的市场，这也是纽约杰克逊高地第 83 街 37-09 号的奈莉·斯皮尔夫人的做法。1932 年，她独自生活在一个三室公寓里，她的丈夫已经去世，两个孩子都已经结婚。有一天，当她在一家杂货店的冷饮柜台买冰激凌时，她注意到这个柜台也在卖馅饼，但看起来并不好吃。她问杂货店老板愿不愿意向她买一些自家做的馅饼，老板订了两个。

斯皮尔夫人告诉我："虽然我是个好厨师，可是我住在乔治亚州时一直有仆人帮忙，我一生中从来没烤过一打以上的馅饼。在接到那份两个馅饼的订单后，我同一个女邻居请教怎样做苹果馅饼。然后我做了两个馅饼，一个苹果馅的，一个柠檬馅的，冷饮柜台的顾客都赞不绝口。第二天，这家杂货店又订了 5 个。然后，其他冷饮柜台和小吃店的订单也陆续来了。从那时起的两年之内，我每年都要烤 5 000 个馅饼，我在自己的小厨房里都能完成所有的工作，每年都能净赚 1 000 美元，除了制作馅饼的原料外，没有一分钱的额外开支。"

市场对斯皮尔夫人自制糕点的需求越来越大，她不得不从自己的厨房搬进一家商店，她还雇用了两个女孩帮她烘焙，如馅饼、蛋糕、面包和面包卷等。在战争期间，人们每次要排一个小时的队来买她自家做的食品。

"我一生中从来没有这么快乐过，"斯皮尔夫人说，"我每天都在店里工作 12 到 14 个小时，但我从不觉得累，因为这对我来说不是工作，它是一种生活体验。我出一份力，让人们多一点快乐。我的生活充实且忙碌，根本感觉不到孤独或忧虑。虽然我失去了母亲和丈夫，还有我的家，但现在我的工作已经填补了他们留下的空白。"

当我问斯皮尔夫人，在 1 万人以上的城镇，其他善于烹饪的女士是否也可以在空闲时间以类似的方式赚钱，她回答说："当然可以了！"

奥拉·斯奈德夫人也会告诉你同样的事情，她住在一个3万多人的小镇——伊利诺伊州的梅伍德镇，用厨房的炉子和价值10美分的原料开创了事业。她的丈夫生病了，她必须挣钱补贴家用。但她能做什么呢？她没有经验，没有技术，没有资本，只是一个家庭主妇。她拿着鸡蛋白和糖，在厨房用炉子做了一些糖果；然后她拿着她的糖果盘，站在学校附近，在孩子们回家时以一分钱一块的价格卖给他们。"明天多带些零钱来，"她说，"我每天都会带着我自家做的糖果在这里。"在第一个星期，她不仅赚了钱，还为生活注入了热情。她让自己和孩子们都开心，再没有时间忧虑了。

这位文静的，来自伊利诺伊州梅伍德镇的家庭主妇很有野心，她决定将业务向外扩张，并让一个代理商在熙熙攘攘的芝加哥街头销售她在厨房制作的糖果。当时，她胆怯地走到一个在街上卖花生的意大利人面前向他说明了自己的想法，他耸了耸肩，说他的顾客要的是花生，不是糖果。于是斯奈德夫人给了他一个样品，他很喜欢，就答应她合作，开始卖她的糖果，第一天就帮斯奈德夫人赚了不少钱。4年后，她在芝加哥开了她的第一家商店，店面只有8英尺宽。她晚上制作糖果，白天出售。这位昔日胆小的家庭主妇，从厨房的炉子起步，开始了她的糖果事业，她现在有17家店，其中15家在芝加哥最繁华的街区。

这就是我要说的重点：纽约杰克逊高地的奈莉·斯皮尔夫人和伊利诺伊州梅伍德的奥拉·斯奈德夫人没有为财务问题担忧，

而是积极地采取行动。她从小买卖开始做起，没有额外开销，没有租金，没有广告，没有需要支付的工资。在这样的情况下，她们几乎不可能被财务方面的担忧所压倒。

看看你周围，你会发现许多市场需求还没有被满足。例如，如果你把自己训练成一个好的厨师，你也许可以在自己的厨房里面向年轻女孩开烹饪课程来赚钱，你可以挨家挨户去招生。关于如何在空闲时间赚钱的书已经有不少，你可以到公共图书馆去查询。不论是男人还是女人都有很多机会，但有一点警告：除非你有推销的天赋，否则不要尝试挨家挨户推销。大多数人都讨厌这个，也做不好这个。

• 建议 10：

不要赌博，永远不要。

那些希望通过赌马或玩老虎机来赚钱的人总是让我感到震惊。我认识一个拥有很多台被称为“独臂强盗”的游戏机的人，他对那些天真地妄想自己可以打败被人操纵的机器的人，只有彻头彻尾的蔑视。

我还认识美国最有名的赌徒，他是我成人教育班的学生。他告诉我，虽然他对赛马有深入了解，但他知道在小马身上投注是赚不到钱的。每年人们为赛马投注 60 亿美元，这是我们 1910 年国债总额的 6 倍。这位赌徒还告诉我，如果他有一个敌人，他觉得最好的毁掉那个人的办法就是让他为赛马下注。我问他根据内部消息给赛马下注会有什么后果，他回答说：“这样下注，你可能会输得血本无归。”

如果我们非要赌博，那至少让我们聪明一点，让我们先算算赔率。怎么做？通过阅读一本名为《如何计算赔率》的书，作者是奥斯瓦尔德·雅各比，他是桥牌和扑克高手、顶级数学家、统计学家、保险精算师。这本书用 215 页的篇幅告诉你，当你玩赛马、轮盘、骰子、老虎机、平局扑克、梭哈扑克、合约桥牌、皮纳克尔、股票时，你的赔率是多少。这本书还运用数学知识，计算了在其他活动中获胜的概率。这本书并不教你如何在赌博中赚钱，作者向你展示在所有常见的赌博方式中获胜的概率是多少；当你看到这些概率，你会同情那些把自己辛苦挣来的工资押在赛马、纸牌、骰子或老虎机上的可怜人。如果你被引诱尝试掷骰子、打扑克或赛马，这本书为你省下的钱可能是买书钱的 1 000 倍。

• 建议 11：

不管怎样，都要对自己好一点，知足常乐。

如果我们不能改善我们的财务状况，也许我们可以改善我们看待它的态度。让我们记住，其他人也有他们对财务的忧虑。我们可能因为赶不上张三家而忧虑，但张三家可能因为赶不上李四家而忧虑，李四家也只能因为赶不上王五家而忧虑。

美国历史上的一些名人也有财务问题。为了参加总统就职典礼，林肯和华盛顿都不得不借钱付旅费。

如果我们不能得到我们想要的一切，就不要让忧虑和怨恨毁了我们的日子。让我们对自己好一点，让我们试着从哲学的角度来看待这个问题。罗马最伟大的哲学家之一塞内卡说：“如果你拥有的东西在你看来是不够的，那么即使你拥有全世界，你也会感到痛苦。”

让我们记住这一点：即使我们拥有整个世界，我们一天也只吃三顿饭，一次只能睡一张床。

为了减少经济上的担忧，让我们试着遵循这 11 条建议：

1. 记录每一笔开支。
2. 制订真正适合自己的预算。
3. 学习理智地消费。
4. 不要随着收入增加而过度消费。
5. 尽量不要借钱、贷款。
6. 预防疾病、火灾和紧急情况带来的影响。
7. 不要把手头的积蓄一下子花光。
8. 教导孩子学会存钱。
9. 如果有必要，可以做副业赚点外快。
10. 不要赌博，永远不要。
11. 不管怎样，都要对自己好一点，知足常乐。